"十三五"高等学校教材

新世纪电工电子实验系列规划教材

电子技术基础虚拟实验

指导书

主　编　孙梯全

副主编　卢　娟

参　编　龚　晶　许凤慧　娄朴根

　　　　胡景明　侯　煜

东南大学出版社

SOUTHEAST UNIVERSITY PRESS

·南京·

内 容 提 要

全书共分 4 篇,第 1 篇介绍虚拟实验所依托的平台软件的使用,第 2 篇介绍与虚拟实验相关的各种虚拟仪器、仪表,第 3 篇为模拟电子电路虚拟实验项目,第 4 篇为数字电子技术虚拟实验项目。平台软件采用 B/S 架构,学生可以基于 Internet 或校园网,通过浏览器远程开展虚拟实验。

本书的内容编排坚持"能实不虚、尽量接近实"的原则,综合考虑理论课程特点和实体实验的局限性,引导学生关注电子电路的设计原理、特性参数,通过虚拟实验加深对理论概念的理解;注重结合电子技术的工程应用实际和电子技术的发展方向,引导学生思考和解决工程实际问题,激发学生的创新思维。

本书是我校电子信息类、计算机类学生"电子技术基础实验"、模拟电子电路实验、数字电路实验等课程的配套教材,也可供相关工程技术人员、教师和学生参考。

图书在版编目(CIP)数据

电子技术基础虚拟实验指导书/孙梯全主编. —南

京:东南大学出版社,2018.9

新世纪电工电子实验系列规划教材

ISBN 978 - 7 - 5641 - 8003 - 4

Ⅰ.①电… Ⅱ.①孙… Ⅲ.①电子技术-实验-

高等学校-教学参考资料 Ⅳ.①TN-33

中国版本图书馆 CIP 数据核字(2018)第 215769 号

电子技术基础虚拟实验指导书

出版发行	东南大学出版社
出 版 人	江建中
社 址	南京市四牌楼 2 号
邮 编	210096
经 销	全国各地新华书店
印 刷	丹阳兴华印刷厂
开 本	787 mm×1092 mm 1/16
印 张	15
字 数	390 千字
版 次	2018 年 9 月第 1 版
印 次	2018 年 9 月第 1 次印刷
印 数	1—2500
书 号	ISBN 978 - 7 - 5641 - 8003 - 4
定 价	52.00 元

(本社图书若有印装质量问题,请直接与营销部联系。电话:025 - 83791830)

前　言

　　自从 1989 年美国弗吉尼亚大学 William Wolf 提出虚拟实验的概念以来，伴随着计算机、网络技术和虚拟仪器技术的飞速发展，虚拟实验室技术已日趋成熟和完善。与传统的实体实验室相比，虚拟实验室具有成本低、效率高、扩展性强、操作安全、高度开放性和共享性、更新速度快等众多优点，是对实体实验室的重要补充。学生可以基于虚拟实验平台模拟真实实验环境，完成各种预定的实验项目，获得直观的实验效果，也可以通过虚拟实验了解实体实验无法有效展现的不可视的结构和原理，从而更加快速、高效地响应理论教学的实验需求。虚拟实验室和实体实验室相结合，实现了实验教学的虚实互补，有利于学员创新意识培养和能力素质提升，是目前实验室建设的一个重要发展方向。

　　当前，电子技术发展日新月异，对电子技术基础理论和实验教学提出了新的挑战，传统的实体实验室已经无法有效满足电子技术基础实验教学的新需求，鉴于此，我校和北京润尼尔公司联合研发了电子技术基础虚拟实验平台。

　　《电子技术基础实验》是电子、信息、雷达、通信、测控、计算机、电力系统及自动化等电类专业和机电一体化等非电类专业的一门重要的专业基础课，具有较强的理论性和工程实践性。电子技术基础虚拟实验和电子技术基础实体实验一起构成了电子技术基础、模拟电路、数字电路等课程的实践教学环节。

　　作为电子技术基础虚拟实验课的选用教材，虚拟实验内容设置是否科学合理将在一定程度上对实验课的教学质量和教学效果起到决定作用。为此，在进行虚拟实验内容设计时，始终把本科学员实践技能和创新意识的早期培养作为出发点和落脚点，坚持"能实不虚、尽量接近实"的原则，综合考虑理论课程特点和实体实验的局限性，引导学生通过虚拟实验加深对理论概念的理解；注重结合电子技术的工程应用实际和电子技术发展方向，引导学生思考和解决工程实际问题，激发学生的创新思维。

电子技术基础虚拟实验内容设置既循序渐进又相对独立,从基础、验证性实验到综合性实验,由浅入深、层次分明,方便教师和学生根据教学和学习需要选择不同实验内容。全书共分4篇,第1篇介绍虚拟实验所依托的平台软件的使用,第2篇介绍与虚拟实验相关的各种虚拟仪器、仪表,第3篇为模拟电子电路虚拟实验项目,第4篇为数字电子技术虚拟实验项目。平台软件采用B/S架构,学生可以基于Internet或校园网,通过浏览器远程开展虚拟仿真实验。

感谢北京润尼尔公司在实验内容设计上给予的无私帮助,感谢东南大学出版社朱珉老师在本书出版过程中的大力支持。由于编者水平有限,时间紧任务重,书中错误和不妥之处恳请读者批评指正。

编　者

2018 年 6 月

目　　录

第3篇　模电实验

第 4 篇　数电实验

第1篇 软件使用帮助

1 实验平台简介

1.1 简介

模拟电路和数字电路是电子信息类等专业的专业基础课程。该课程理论与实际结合十分紧密,实验教学是整个教学过程中一个十分重要的环节。传统的实验教学是在实验室中利用特定的硬件设备和器件进行的,不仅前期需要大量的资金投入,而且实验过程中损耗大、维护费用高。在现代远程教育中,该课程实验教学的问题更加突出,可以说至今尚没有好的解决方法。实验环境存在的问题,严重影响了学生对该课程知识的掌握,尤其是严重影响了对学生动手能力、解决实际问题能力和创新能力的培养。

开放式网上电子技术基础虚拟实验室软件是为模拟电路和数字电路课程实验教学而研制开发的一个软件系统,该系统采用 B/S 架构,为模拟电路和数字电路实验教学构建了一个全新的实验环境。在该环境下,用户可以自主选择逻辑器件或者实际器件两种形式来搭建实验。系统整体界面如图 1.1 所示。

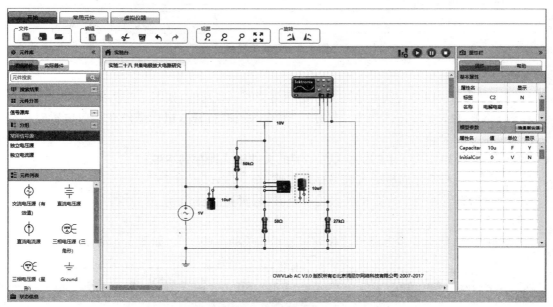

图 1.1 系统整体界面

平台设计以易用和实用为原则,综合运用了最新的设计思想和多种关键技术,使之在整体结构、操作方式、图形处理和界面设计等方面技术特色突出。系统强调将互动的可视化操作贯穿于整个实验过程,充分激发个人的创作灵感,使学生可以根据各自的创意去构思、验证各种个性化的设计方案,自主完成实验的全过程。在该环境下,学生能充分展示个人的创造性思维,尽情感受实验的乐趣。

1.2　系统总体框架

元件库:分为逻辑器件库、实际器件库。

实验台:从元件库中选择器材在实验台上构建电路结构、分析仿真结果。

属性栏:在实验台上选中元件时,属性栏显示相应元件属性说明和参数设置。

菜单栏:分为开始、常用元件、虚拟仪器三个标签,主要包括文件、编辑、视图及虚拟仪器等内容。

2　实验平台各模块功能介绍

2.1　工具栏

2.1.1　开始

开始工具条位于"开始"菜单标签下方,如图 1.2 所示。下面简要描述各个工具条按钮的功能。

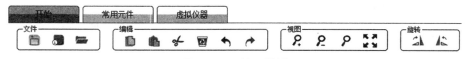

图 1.2　开始工具栏

（1）文件

"文件"系列按钮是与实验描述文件处理相关的一些功能,如图 1.3 所示。

图 1.3 中的 3 个按钮依次为:"保存"、"另存为"和"打开",鼠标悬停在相应位置时会提示按钮功能。

① 保存:将操作面板上的实验以".ocj"的文件格式保存到本地;

② 另存为:将操作面板的实验另存到本地;

③ 打开:打开本地已保存的实验进行查看、编辑和修改。

（2）编辑

"编辑"按钮是与实验电路搭建和编辑过程相关的一些功能,如图 1.4 所示。

图 1.3　文件相关图标　　　　　图 1.4　编辑相关图标

图 1.4 中的 6 个按钮依次为:"复制"、"粘贴"、"剪切"、"删除"、"撤销"和"恢复",鼠标悬停在相应位置时会提示按钮功能。在实验台上选中单个元件后可进行复制、粘贴、剪切快

捷操作。

（3）视图

"视图"系列按钮主要作用是用于实验台的放大、缩小、还原与最大化,如图 1.5 所示。

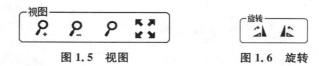

图 1.5 视图　　　　　　　　　图 1.6 旋转

（4）旋转

利用这两个按钮可对元件分别进行顺时针旋转与逆时针旋转,如图 1.6 所示。

2.1.2 常用元件

常用元件包括电阻、电容、信号源等,如图 1.7 所示。用户可以直接在此处拖放常用的元件到实验台上进行实验电路的快捷搭建。

图 1.7 常用元件工具条

2.1.3 虚拟仪器

目前平台提供的虚拟仪器如图 1.8 所示,主要包括双通道示波器、四通道示波器、波特图分析仪、频率计、频谱分析仪、直流电流表、交流电压表、电压探针、电流探头、固纬函数信号发生器、泰克示波器和胜利万用表等。

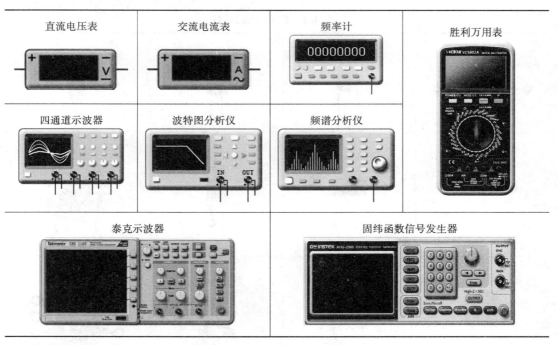

图 1.8 虚拟仪器

2.1.4 仿真系列按钮

"仿真"系列按钮如图 1.9 所示,利用这几个按钮可以对所搭建的电路进行仿真,并显示仿真结果。

图 1.9 "仿真"系列按钮

① 交互式仿真分析按钮:设置相应的分析参数。
② 开始仿真按钮:开始进行电路仿真。
③ 暂停仿真按钮:暂时停止仿真。
④ 停止仿真按钮:停止实验仿真。

2.2 元件库

元件库主要分为逻辑器件库和实际器件库,其中逻辑器件118 个,实际器件 86 个,实际器件库的元件分类及分组与逻辑器件库相同,如图 1.10 所示。

2.2.1 元件分类

仿真实验台提供了五大库 118 个实验器材(表 1.1 给出了部分实验器材)。

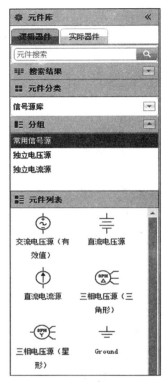

图 1.10 元件库

表 1.1 部分实验器材

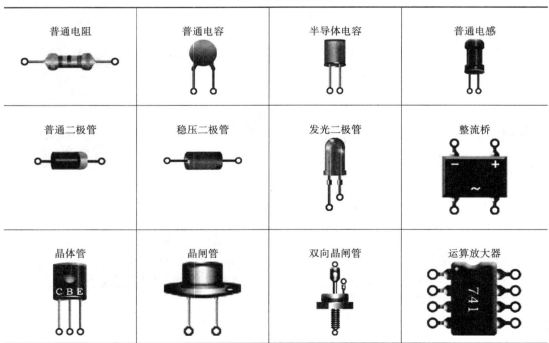

普通电阻	普通电容	半导体电容	普通电感
普通二极管	稳压二极管	发光二极管	整流桥
晶体管	晶闸管	双向晶闸管	运算放大器

（1）信号源库：10 种常用信号源、8 种独立电压源和 7 种独立电流源。

（2）基本元件库：2 种常见电阻、3 种常见电容和普通电感。

（3）二极管库：10 个常用普通二极管、10 个常见稳压二极管、5 个常见型号整流桥、5 个常用型号开关二极管、3 个常用型号肖特基二极管、3 个常用型号晶闸管、3 个常用型号双向触发二极管、5 个常用型号双向晶闸管、5 个常用型号 PIN 二极管和 5 个常用型号变容二极管。

（4）晶体管库：15 个常用 NPN 晶体管和 13 个常用 PNP 晶体管。

（5）模拟集成元件库：三端虚拟放大器、五端虚拟放大器、741、μA741CD、OP37AJ。

2.3　属 性 栏

属性栏的结构如图 1.11 所示，对于元件库，有属性和帮助两个标签。其中，属性标签下主要包含元件的基本属性、模型参数和参数解释三部分，帮助标签主要呈现元件的使用说明，如图 1.12 所示。

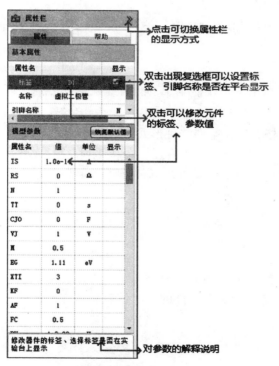

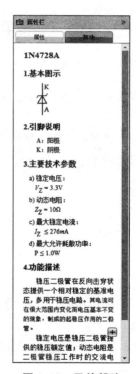

图 1.11　属性栏结构图　　　　　　　图 1.12　元件帮助

3　实验台操作

3.1　器材操作

（1）添加器材：从左侧元件库中单击一次鼠标左键选中要用的元件，然后在实验台空白处再点击一次鼠标左键即可在实验台上放置一个器材。按下键盘 Esc 键或点击鼠标右键即可停止该器材的添加。

（2）拖动元件：在实验台上点击鼠标左键选中元件，即可进行器材拖动。

（3）器材属性：点击鼠标左键选中实验台上的器材后，用户可通过实验台右侧的属性栏设置、查看该器材的基本属性、模型参数，浏览器材的使用说明，如图 1.12 所示。

（4）用户可点击按钮 ➕ 查看器材更多详细说明。

3.2　右键操作

在实验台上点击鼠标右键，会弹出下拉快捷菜单，如图1.13所示。

（1）背景：实验台背景采用点格、网格、空白三种形式，可通过右键选项设置，如图 1.14 所示。

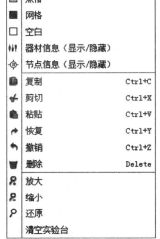

图 1.13　鼠标右键功能菜单

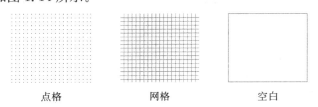

点格　　　　　网格　　　　　空白

图 1.14　背景的三种形式

（2）标识信息：显示/隐藏实验电路中所有元件的器材信息和节点信息的显示状态，如图 1.15 所示。

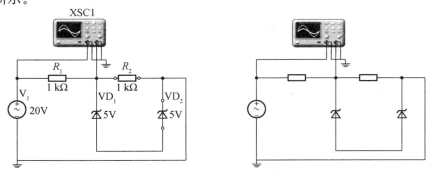

图 1.15　信息显示/隐藏

（3）清空实验台：在实验台空白处点击鼠标右键，选择此功能可清空实验台。注意，"Ctrl＋A"全选后，按"Delete"键也可清空实验台。

3.3 连线操作

将鼠标指针移至平台器件端口位置，鼠标指针将由箭头变为十字，这时点击鼠标左键即可引出一条导线，中途点击一次鼠标左键即可改变导线方向，在元件的端口或者与其他导线相交处点击一次鼠标左键即可完成连线操作。连线过程中点击鼠标右键即可取消连线。

3.4 实验仿真

实验搭建完成后，点击"运行"按钮，即可进行实验的仿真运算。实验仿真过程中，实验名称栏将显示实验运行状态，如图1.16所示。在实验仿真过程中不可进行参数、标签等的设置操作。

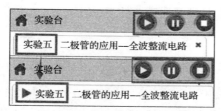

图1.16 仿真运行状态说明

4 系统环境要求

4.1 操作系统

软件支持的操作系统：Windows 系列、Mac OS。

推荐浏览器：Chrome、360、IE11、QQ 浏览器、Opara 、搜狗、火狐。

4.2 插件安装

系统会自动检测本地系统并提示软件运行信息。用户首次使用时需点击实验台上方的"插件下载"按钮，下载安装平台所需插件，如图1.17所示。

图1.17 安装环境

第2篇 虚拟仪器使用说明

1 泰克示波器:TBS1102

泰克 TBS1102 示波器是一种双踪示波器,用来显示电信号波形的形状、幅值、频率等参数,通过该仪器可观察信号的幅值大小和频率变化。该款示波器可观测一路或两路随时间变化的信号波形,并可对两路信号的波形进行比较。

1.1 图标

图 2.1 为泰克 TBS1102 示波器的图标。图标中共有
4 个端子,分别为通道 1 的正、负端及通道 2 的正、负端。

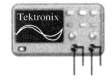

1.2 操作面板

图 2.1 泰克 TBS1102 示波器图标

双击泰克 TBS1102 示波器图标,会弹出泰克
TBS1102 示波器操作面板,如图 2.2 所示。在面板上,可观察信号的输出波形,并且通过面板可对示波器的功能参数进行设置。

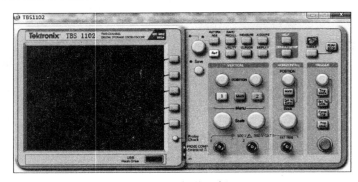

图 2.2 操作面板

1.3 功能参数及设置

1.3.1 示波器显示屏

操作面板上的黑色部分为示波器显示屏,该显示屏除显示波形外,还含有很多关于波形和示波器控制设置的详细信息,如图 2.3 所示。

图 2.3 中"1"处的标记表示信号获取方式:

⊓:采样方式。

⊓:平均方式。

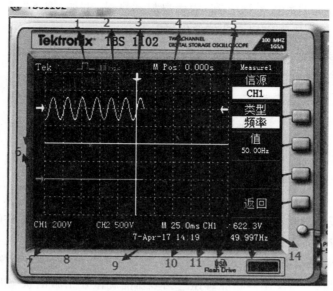

图 2.3　泰克示波器显示屏

⊓⊔:峰值检测方式。

位置"2"处指示触发状态：

Armed：示波器正在采集与触发数据。

Ready：示波器已采集所有与触发数据并准备触发。

Trig'd：示波器已发现一个触发，并正在采集触发后的数据。

Stop：示波器已停止采集波形数据。

Acq. Complete：示波器已完成"单次序列"采集。

Auto：示波器处于自动方式并在无触发状态下采集。

Scan：在扫描模式下示波器连续采集并显示波形。

图中"3"处标记水平触发位置，旋转"水平位置"旋钮可以调整标记位置。

"4"处显示中心刻度即原点处的时间。

"5"标记的是边沿或脉宽触发电平(黄色表示触发源为 CH1,绿色表示触发源为 CH2)。

"6"标记的是所显示波形的地线基准点。某一通道关闭时,对应的标记不显示。

"7"为 CH1 通道垂直刻度系数。

"8"为 CH2 通道垂直刻度系数。

"9"为日期和时间。

"10"为主时基。

"11"为当前触发源。

"12"标记触发类型：

／上升沿；

＼下降沿。

"13"为触发频率。

"14"为触发电平。

屏幕底部(通道垂直刻度系数下方)为信息显示区域,例如,按下"Measure"键时,在这里会提示:"按显示屏右侧按键以改变测量项目"。

1.3.2　功能按键区

示波器功能按键区如图 2.4 所示。

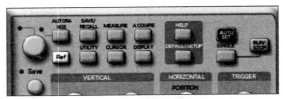

图 2.4　功能按键区

按下操作面板上的功能按键,示波器将在屏幕的右侧显示相应的菜单,该菜单显示的选项可通过直接按下屏幕右侧的选项按键来操作。

(1) 多功能旋钮

在某些菜单列表中可使用多功能旋钮。当多功能旋钮处于激活状态时,其附近的 LED 点亮,此时点击多功能旋钮再滚动鼠标滑轮就可实现该旋钮功能。

(2) AUTO RANGE

该按键实现屏幕信号波形显示范围(电压和时间显示范围)的自动调整功能。**该按键操作步骤如图 2.5 所示。**

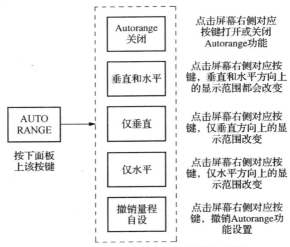

图 2.5　AUTO RANGE 按键操作步骤

(3) SAVE/RECALL

(4) MEASURE

该按键实现信号参数的测量,包括频率、周期、平均值、峰-峰值、周期 RMS、RMS、最小值、最大值、正频宽、负频宽、Duty Cyc。该按键操作步骤如图 2.6 所示。

(5) ACQUIRE(该按键功能暂不提供)

(6) HELP

该按键提供泰克示波器 TBS1102 的使用说明文档。

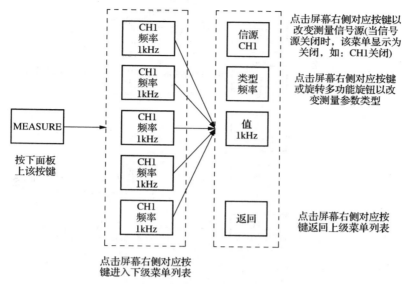

图 2.6　MEASURE 按键操作步骤

（7）AUTOSET

该按键实现以不同方式呈现最佳信号波形状态。该按键操作步骤如图 2.7 所示。

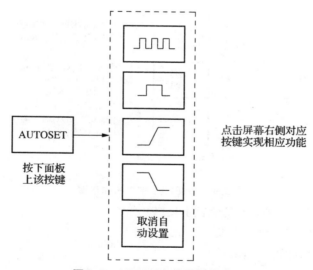

图 2.7　AUTOSET 按键操作步骤

（8）RUN/STOP

该按键实现示波器停止或开始采集波形数据。点击该按键可实现在 RUN 、STOP 两种模式之间的切换。

（9）REF（该按键功能暂不提供）

（10）UTILITY（该按键功能暂不提供）

（11）CURSOR

该按键实现信号波形幅值或时间测量光标功能。该按键操作步骤如图 2.8 所示。

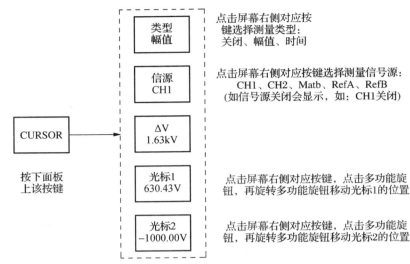

注：信号源 RefA 和 RefB 测量功能暂不提供。

图 2.8　CURSOR 按键操作步骤

（12）DISPLAY

该按键实现以不同形式显示信号波形。该按键操作步骤如图 2.9 所示。

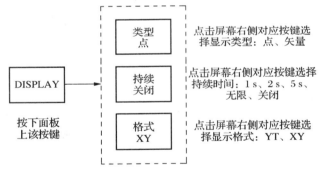

注：显示类型及持续时间功能暂不提供。

图 2.9　DISPLAY 按键操作步骤

（13）DEFAULTSETUP（该功能暂不提供）

（14）SINGLE（该功能暂不提供）

（15）SAVE（该功能暂不提供）

1.3.3　垂直控制区

泰克示波器垂直控制区如图 2.10 所示。按下面板上相应按键或旋转功能旋钮可实现不同通道波形参数设置。

（1）POSITION

旋转此功能旋钮可调节 CH1 和 CH2 通道信号波形的垂直位置。此功能旋钮操作步骤如下：

① 点击功能旋钮；

② 滑动鼠标滑轮改变通道信号波形位置（上滑滚轮，信号波形位

图 2.10　垂直控制区

置向上移动,反之则信号波形向下移动)。

（2）CH1

该按键实现 CH1 通道信号波形垂直控制功能。该按键操作步骤如图 2.11 所示。

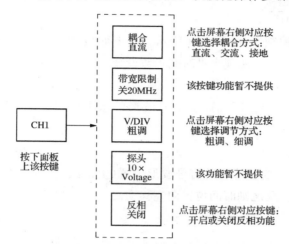

图 2.11　CH1 按键操作步骤

若 CH1 按键处于激活状态,点击一次 CH1 按键关闭(或开启)CH1 通道,若 CH1 按键没有处于激活状态,需要点击两次 CH1 按键才能实现关闭(或开启)CH1 通道(第一次点击为激活 CH1 按键)。

注:带宽限制功能、粗调细调功能以及探头修改功能暂不提供。

（3）CH2（同 CH1）

（4）Math

该按键实现 Math 模式下信号波形垂直控制功能。该按键操作步骤如图 2.12 所示。

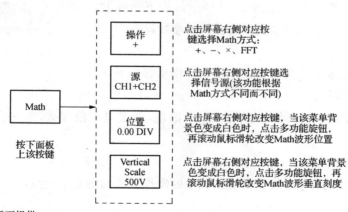

注:FFT 运算暂不提供。

图 2.12　Math 按键操作步骤

（5）Scale

旋转此功能旋钮可调节 CH1 和 CH2 通道信号波形的垂直刻度。此功能旋钮操作步骤如下:

① 点击功能旋钮;

② 滑动鼠标滑轮改变通道信号波形垂直刻度(上滑滚轮,信号波形垂直刻度值变小,反之则信号垂直刻度值变大)。

注:最小刻度值为 20 mV,最大刻度值为 500 V,刻度变化步长为 1—2—5。

1.3.4 水平控制区

泰克示波器水平控制区如图 2.13 所示。按下面板上相应按键或旋转功能旋钮可实现水平时间参数设置。

(1) POSITION

旋转此功能旋钮可调整所选通道信号波形的水平位置。此功能旋钮操作步骤如下:

① 点击功能旋钮;

图 2.13 水平控制区

② 滑动鼠标滑轮改变所选通道信号波形位置(上滑滚轮,时间位置向右移动,反之则时间位置向左移动)。

(2) Horiz

(3) Set to Zero

(4) Scale

旋转此功能旋钮可调节水平时间刻度。此功能旋钮操作步骤如下:

① 点击功能旋钮;

② 滑动鼠标滑轮改变水平时间刻度(上滑滚轮,水平时间刻度值变小,反之则水平时间刻度值变大)。

注:最小刻度值为 5 ns,最大刻度值为 50 s,刻度变化步长为 1—2.5—5。

1.3.5 触发控制区

泰克示波器触发控制区如图 2.14 所示。按下面板上相应按键或旋转功能旋钮可实现示波器触发参数设置。

(1) Level

图 2.14 触发控制区

该旋钮实现触发电平值设置。该旋钮操作步骤如下:

① 点击功能旋钮;

② 滑动鼠标滑轮改变触发电平值(上滑滚轮,触发电平值变大,反之则触发电平值变小)。

(2) Trig Menu

该按键实现触发菜单的设置功能。该按键操作步骤如图 2.15 所示。

(3) Set To 50%

(4) Force Trig

(5) Trig View

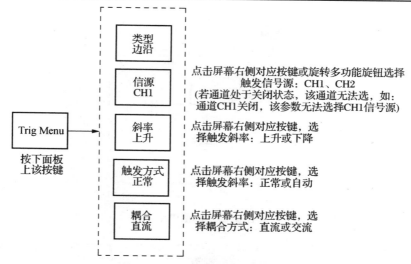

图 2.15　Trig Menu 按键操作步骤

1.3.6　其他按键及接口

其他按键包括外接端口和 Power 开关等,如图 2.16 所示。

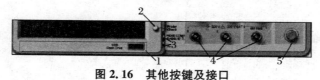

图 2.16　其他按键及接口

（1）USB 外接端口（暂不提供此功能）。

（2）Probe Check（暂不提供此功能）。

（3）示波器内部测试信号（暂不提供此功能）。

（4）图中 1、2 为通道 CH1 和 CH2 外接端口,EXT 为外部触发端口（EXT 功能不提供）。

（5）示波器 Power 按键。

该按键实现示波器的开启或关闭。

1.4　实验操作及注意事项

泰克示波器的使用步骤如下：

（1）单击泰克示波器工具栏按钮,将其图标放置在实验台上,双击图标打开仪器。

（2）按照需求选择示波器与电路相连接的方式。

实验:搭建一个如图 2.17 所示的电路图,并用泰克示波器对输入信号波形进行观测。

实验结果:泰克示波器测量结果如图 2.18 所示。

由图 2.17 可知,泰克示波器通道 1 连接信号 V_1,通道 2 连接信号 V_2,则对应的输出波形如图 2.18 所示（黄色的为通道 1 信号波形,绿色的为通道 2 信号波形）。

实验连接时要注意泰克示波器与实际仪器的不同：

（1）两个通道的正端分别只需要一根导线与待测点相连接,这时测量的是该点与地之间的波形。

（2）若需测量器件两端的信号波形,只需将通道的正负端与器件两端相连即可。

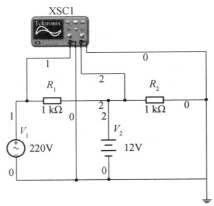

图 2.17　测试电路

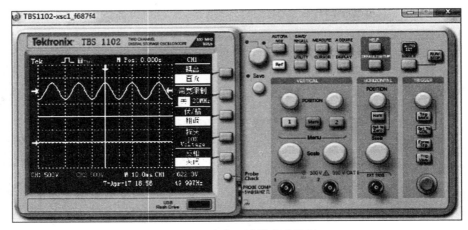

图 2.18　泰克示波器实验结果

2　双通道示波器

双通道示波器是一种双踪示波器,用来显示电信号波形的形状、幅值、频率等参数,通过该仪器可观察信号的幅值大小和频率变化。双通道示波器可观测一路或两路随时间变化的信号波形,并可对两路信号的波形进行比较。

2.1　图标

图 2.19 为双通道示波器的图标。双通道示波器的图标中共有 4 个端子,分别为通道 1 的正、负端和通道 2 的正、负端。

2.2　操作面板

双击双通道示波器图标,弹出双通道示波器操作面板,如

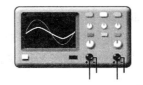

图 2.19　双通道示波器图标

图 2.20 所示。在面板上,可观察信号的输出波形,并且通过面板可对示波器的功能参数进行设置。

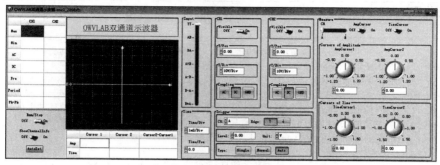

图 2.20　操作面板

2.3　功能参数及设置

双通道示波器操作面板上各区域、按键或旋钮的功能及相关参数设置如下:

(1) 操作面板上的黑色区域为测量结果波形显示屏。

(2) 显示屏下方为光标测量结果显示区,包括时间测量值和电压测量值,但是该区域功能受示波器操作面板上 AmpCursor 开关和 TimeCursor 开关控制(详见 AmpCursor 开关和 TimeCursor 开关功能):

Amp:该行显示电压测量值;

Time:该行显示时间测量值。

测量结果如图 2.21 所示:

	Cursor 1	Cursor 2	Cursor 2-Cursor 1
Amp	173.33V	-160.00V	333.33V
Time	202.67ms	99.33ms	103.33ms

图 2.21　时间和电压测量结果

(3) 显示屏左侧为通道信号基本信息显示区,但是该区域功能受示波器操作面板上 ShowChannelInfo 开关控制(详见 ShowChannelInfo 开关功能):

Max:信号的最大电压值;

Min:信号的最小电压值;

AC:信号的交流分量(显示为交流有效值);

DC:信号的直流分量;

Fre:信号的频率值;

Period:信号的周期值;

P-P:信号的峰-峰值。

信号基本信息显示结果如图 2.22 所示:

(4) 操作面板上其他开关、按键及其功能参数见表 2.1。

	CH1	CH2
Max	311.13V	323.13V
Min	-311.13V	-299.13V
AC	220.00V	220.00V
DC	-8.47mV	11.99V
Fre	49.97Hz	49.98Hz
Period	20.01ms	20.01ms
P-P	622.25V	622.25V

图 2.22　信号基本信息

表 2.1　操作面板上其他开关、按键及其功能参数

开关、按键或参数名称	开关、按键及其功能参数	
Run/Stop	功能:开启或暂停双通道示波器的运行——开关处于 On 状态时,示波器运行;开关处于 Off 状态时,示波器暂停运行。 使用:通过点击 Run/Stop 开关可切换开关状态。	
ShowChannelInfo	功能:控制通道信号基本信息显示区——开关处于 On 状态时,显示通道信号基本信息;开关处于 Off 状态时,关闭通道信号基本信息显示。 使用:通过点击 ShowChannelInfo 开关可切换开关状态。	
AutoSet	功能:根据每一个通道信号的基本信息,系统自动设置面板上各个通道的 Y/Pos 和 Y/DIV 参数值,以便于观察信号输出波形。 使用:通过点击 AutoSet 按键激活 AutoSet 功能。	
Input	功能:Input 模块区域的功能是实现示波器对波形显示模式的选择。 使用:拖动白色选键至需要的显示模式或直接用鼠标左击需要的显示模式选项,或者激活模式选项滑动条后,通过上下滚动鼠标滑轮选择波形显示模式。	
	YT——输出波形的 X 轴为时间,Y 轴为通道 1 信号或通道 2 信号。	
	AB——此模式下通道 1 信号和通道 2 信号绘制在一起,X 轴为通道 2 信号,Y 轴为通道 1 信号。此模式用于测量通道 1 信号与通道 2 信号的频率比和相位差。	
	BA——此模式功能与 AB 模式类似,但是此模式下 X 轴为通道 1 信号,Y 轴为通道 2 信号。	
	A+B——输出波形的 X 轴为时间,Y 轴为通道 1 信号数据值与通道 2 信号数据值进行相加后的信号。	
	A-B——输出波形的 X 轴为时间,Y 轴为通道 1 信号数据值减去通道 2 信号数据值的信号。	
	B-A——输出波形的 X 轴为时间,Y 轴为通道 2 信号数据值减去通道 1 信号数据值的信号。	
	B*A——输出波形的 X 轴为时间,Y 轴为通道 1 信号数据与通道 2 信号数据相乘的信号。	
CH1	CH1 模块区域的功能:设置通道 1 信号的参数(不同的波形输出模式功能参数会有相应改变,详见下述各功能参数介绍)。	
	Visible	功能:控制通道信号的输出波形是否显示——开关处于 On 状态时,显示通道 1 信号波形;开关处于 Off 状态时,关闭通道 1 信号波形。(该开关只在波形输出模式为 YT 时起作用)。 使用:点击 Visible 开关切换开关状态。
	Y/Pos	功能(不同的波形输出模式功能有所不同): ① YT 模式:设置通道 1 信号波形在 Y 轴的起始位置(电压方向的偏移量)。例如:该参数值为 0,则通道 1 信号在 Y 轴的起始位置为显示屏中间处;该参数值为 0.2,则起始位置在 X 轴上方 1/5 的方格处;该参数值为 1,则起始位置在 X 轴上方第一个方格处;该参数值为-1,则起始位置在 X 轴下方第一个方格处; ② AB 模式:设置输出波形在 Y 轴方向上的起始位置; ③ BA 模式:设置输出波形在 X 轴方向上的起始位置; ④ A+B 模式:设置输出波形在 Y 轴方向上的起始位置; ⑤ A-B 模式:设置输出波形在 Y 轴方向上的起始位置; ⑥ B-A 模式:设置输出波形在 Y 轴方向上的起始位置; ⑦ B*A 模式:设置输出波形在 Y 轴方向上的起始位置。 使用:点击 Y/Pos 参数设置方框左侧上下箭头(或上下滚动鼠标中间滑轮)增加或减小该参数值,或通过点击 Y/Pos 参数设置方框直接在方框内输入参数值(参数值小数点后两位有效数字)。

（续表 2.1）

开关、按键或参数名称		开关、按键及其功能参数
CH1	Y/DIV	功能（不同的波形输出模式功能有所不同）： ① YT 模式：设置通道 1 信号波形在 Y 轴的分辨率，即 Y 轴方向上每一方格代表的电压值。根据信号幅值适当设置该参数值可以在屏幕上观察完整的信号波形，否则波形顶端部分将无法看到。例如：示波器通道 1 输入一个峰值为 25 V 的正弦电压信号，若 Y/DIV 值为 10 V/DIV，输出的波形电压值总共需占 5 方格（峰–峰值为 25 V×2＝50 V，方格数＝50 V/(10V/DIV)），此时可在屏幕上观察到完整的波形，若 Y/DIV 值为 5 V/DIV，输出的波形电压值总共需要占 10 方格，此时在屏幕上则无法观察到完整的波形； ② AB 模式：设置输出波形在 Y 轴的分辨率； ③ BA 模式：设置输出波形在 X 轴的分辨率。例如：该值为 5V/DIV，则对于输出波形而言，X 轴方向上每一个方格代表 5 V； ④ A＋B 模式：设置输出波形在 Y 轴的分辨率； ⑤ A－B 模式：设置输出波形在 Y 轴的分辨率； ⑥ B－A 模式：设置输出波形在 Y 轴的分辨率； ⑦ B＊A 模式：设置输出波形在 Y 轴的分辨率。 使用：点击 Y/DIV 参数设置方框左侧上下箭头（或上下滚动鼠标中间滑轮）增加或减小该参数值，或通过点击 Y/DIV 参数设置方框在参数值选项面板上选择参数值。 （参数值范围：1pV/DIV ～500TV/DIV）
	Coupling	功能：选择通道 1 信号的耦合方式： AC—交流耦合，显示信号中的交流分量； DC—直流耦合，显示原始信号； GND—接地（一条水平线，该水平线的位置依赖 Y/Pos 的设置）。 使用：点击按键激活对应的功能。
CH2	_CH2 模块区域的功能：设置通道 2 信号的参数（不同的波形输出模式功能参数会有相应改变，详见下述各功能参数介绍）。_	
	Visible	功能：控制通道 2 信号的输出波形是否显示（类似 CH1 中的 Visible 开关功能）。 使用：点击 Visible 开关切换开关状态。
	Y/Pos	功能（不同的波形输出模式功能有所不同）： ① YT 模式：设置通道 2 信号波形在 Y 轴的起始位置（电压方向的偏移量）。 ② AB 模式：设置输出波形在 X 轴方向上的起始位置； ③ BA 模式：设置输出波形在 Y 轴方向上的起始位置； ④ 其他模式：功能无效； 使用：见 CH1 中的 Y/Pos 参数设置。
	Y/DIV	功能（不同的波形输出模式功能有所不同）： ① YT 模式：设置通道 2 信号波形在 Y 轴的分辨率； ② AB 模式：设置输出波形在 X 轴的分辨率； ③ BA 模式：设置输出波形在 Y 轴的分辨率； ④ 其他模式：功能无效。 使用：见 CH1 中的 Y/DIV 参数设置。 （参数值范围：1pV/DIV ～500TV/DIV）
	Coupling	功能：选择通道 2 信号的耦合方式（详见 CH1 中的 Coupling 功能）。 使用：点击按键激活对应的参数功能。
Time	Time 模块区域的功能：设置 X 轴参数（仅 YT 模式）。	
	Time/DIV	功能：时间轴分辨率，即 X 轴方向上每一方格代表的时间值。为了更好地观察信号波形，该参数值一般设置为输入信号的周期（若输入两个信号，该参数值可设为两个信号周期的最小公倍数或根据实际情况进行适当调整）。 使用：点击 Time/DIV 参数设置方框左侧上下箭头（或上下滚动鼠标中间滑轮）增加或减小该参数值，或通过点击 Time/DIV 参数设置方框在参数值选项面板上选择参数值。 （参数值范围：1ps/DIV～500Ts/DIV）

(续表 2.1)

开关、按键或 参数名称	开关、按键及其功能参数	
Time	Time/Pos	功能：时间轴偏移量。例如：该参数值为 0，则时间的起始位置是屏幕中间处；该参数值为 0.2，则时间的起始位置是在 Y 轴右侧 1/5 的方格处；该参数值为 1，则时间的起始位置是在 Y 轴右侧第一个方格处；该参数值为－1，则时间的起始位置是在 Y 轴左侧第一个方格处。 使用：点击 Time/Pos 参数设置方框左侧上下箭头（或上下滚动鼠标中间滑轮）增加或减小该参数值，或通过点击 Time/Pos 参数设置方框直接在方框内输入参数值（该参数值小数点后一位有效数字）。
Trigger	Trigger 模块区域的功能：设置双通道示波器的触发条件，并保证输出波形稳定。	
	CH	功能：触发通道选择。 使用：点击 CH 参数设置方框左侧上下箭头（或上下滚动鼠标中间滑轮）改变通道，或通过点击 CH 参数设置方框在通道选项面板上选择触发通道。
	Edge	功能：触发边沿选择——上升沿触发（上箭头）或下降沿触发（下箭头）。 使用：点击按键激活对应的功能。
	Level	功能：触发电平值设置。该值结合触发电平单位，若大于触发通道信号的最大电压值，屏幕将无信号波形。 使用：点击 Level 参数设置方框左侧上下箭头增加或减小该参数值，或通过点击 Level 参数设置方框直接在方框内输入参数值（该参数值小数点后有效位为两位）。
	Unit	功能：触发电平单位选择。 使用：点击 Unit 参数设置方框左侧上下箭头改变触发电平单位，或通过点击 Unit 参数设置方框在触发电平单位选项面板上选择触发电平单位。
	Type	功能：触发模式选择： Single——单次触发。此模式下，示波器实行单次扫描，直到手动重启扫描系统（再次按下该按钮或者其他触发模式类型的按钮）才能产生下一次扫描； Normal——常规触发模式。此模式下，示波器按触发条件（触发电平和触发边沿）扫描信号，每满屏一次示波器触发一次。该模式便于观察波形的细节，多用于输入信号比较复杂的情况。 Auto——自动触发模式。满足触发条件时（触发电平和触发边沿），示波器按触发条件扫描信号，若不满足触发条件，示波器会根据自身系统的设置进行扫描。 使用：点击按键激活对应的功能。
Measure	Measure 模块区域的功能：示波器测量参数的设置。	
	CH	功能：测量通道的选择。 使用：拖动白色选键至需要测量的通道选项或直接鼠标左击需要测量的通道选项，或者激活通道选项滑动条后，通过上下滚动鼠标滑轮选择测量通道。
	AmpCursor	功能：开启或关闭幅值测量光标——开关处于 On 状态时，屏幕显示两条幅值测量光标，同时光标测量结果显示区内显示幅值光标测量结果（Amp 参数），即幅值光标所在位置的电压值；开关处于 Off 状态时，屏幕上无幅值测量光标，同时光标测量结果显示区内幅值光标测量结果（Amp 参数）消失。 使用：通过点击 AmpCursor 开关可切换开关状态。
	TimeCursor	功能：时间测量光标开启和关闭——开关处于 On 状态时，屏幕显示两条时间测量光标，同时光标测量结果显示区内显示幅值测量结果（Time 参数），即时间光标所在位置的时间值；开关处于 Off 状态时，屏幕上无时间测量光标，同时光标测量结果显示区内时间测量结果（Time 参数）消失。 使用：通过点击 TimeCursor 开关可切换开关状态。

（续表 2.1）

开关、按键或 参数名称	开关、按键及其功能参数	
Measure	Cursors of Time	功能：时间测量光标的位置设置。 TimeCursor1——时间测量光标 1 的位置参数设置。例如，旋钮参数值为 0.5，此时时间测量光标 1 在 Y 轴右侧屏幕 1/3（0.5/1.5）处；旋钮参数值为 1，时间测量光标 1 在 Y 轴右侧屏幕 2/3（1/1.5）处；旋钮参数值为 −1，时间测量光标 1 在 Y 轴左侧屏幕 2/3（−1/−1.5）处。旋钮下方参数设置框内的数值与旋钮上的数值对应。 TimeCursor2——时间测量光标 2 的位置参数设置。 使用：拖动旋钮上的指针或点击旋钮下方参数框左侧上下箭头（或上下滚动鼠标滑轮）改变参数值。 （参数值范围：−1.5～1.5）
	Cursors of Amplitude	功能：幅值测量光标的位置设置。 AmpCursor1——幅值测量光标 1 的位置设置。例如，旋钮参数值为 0.6 时，幅值测量光标 1 在 Y 轴上方屏幕 1/2（0.6/1.2）处；旋钮参数值为 −1 时，幅值测量光标 1 在 Y 轴下方屏幕 5/6（−1/−1.2）处。旋钮下方参数设置框内的数值与旋钮上的数值对应。 AmpCursor2——幅值测量光标 2 的位置设置（同光标 1）。 使用：拖动旋钮上的指针或点击旋钮下方参数框左侧上下箭头（或上下滚动鼠标滑轮）改变参数值。 （参数值范围：−1.2～1.2）

2.4　实验操作及注意事项

双通道示波器的具体使用步骤如下：

（1）单击两通道示波器工具栏按钮，将其图标放置在实验台上，双击图标打开仪器。

（2）按照需求选择两通道示波器与电路相连接的方式。

实验：搭建一个如图 2.23 所示的电路图，并用双通道示波器对输入信号波形进行观测。

实验结果：双通道示波器测量结果如图 2.24 所示。

由图 2.23 可知，双通道示波器通道 1 和通道 2 均连接信号 V_1，对应的输出波形如图 2.24 所示。其中，屏幕

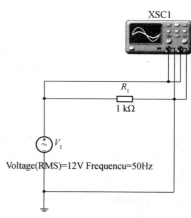

图 2.23　测试电路

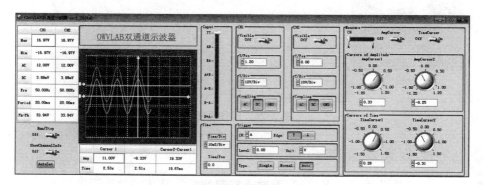

图 2.24　实验结果

左侧箭头代表对应波形的 Y/Pos,CH1 设置为 Y/Pos=1.2,故箭头 1 的位置在 X 轴上方 1.2 倍的方格处,又因为 CH1 设置 Y/DIV=10V/DIV,即通道 1 信号波形向上偏移 1.2× 10V/DIV=12 V。

实验连接时要注意双通道示波器与实际仪器的不同:

(1) 两个通道的正端分别只需要一根导线与待测点相连接,这时测量的是该点与地之间的波形。

(2) 若需测量器件两端的信号波形,只需将通道的正负端与器件两端相连即可。

3 四通道示波器

四通道示波器也是一种可以用来显示电信号波形的形状、幅值、频率等的仪器,其使用方法与双通道示波器相似,但存在以下几个不同点:

(1) 将信号输入通道由 A、B 两个通道增加到 A、B、C、D 四个通道;

(2) 通过通道选择组件来确定要设置的信号通道的位置和纵轴分辨率;

(3) Math 模式和 AB 模式比双通道组合情况丰富。

3.1 图标

图 2.25 为四通道示波器的图标。四通道示波器的图标中共有 8 个端子,分别为通道 A、通道 B、通道 C 和通道 D 的正、负端。

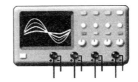

图 2.25 四通道示波器图标

3.2 操作面板

双击四通道示波器图标,弹出四通道示波器操作面板,如图 2.26 所示。在面板上,可观察信号的输出波形,并且通过面板可对示波器的功能参数进行设置。

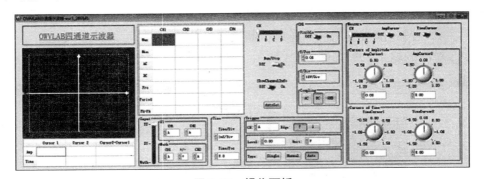

图 2.26 操作面板

3.3 功能参数及设置

四通道示波器操作面板上各区域、按键或旋钮的功能及相关参数设置如下:

（1）操作面板上的黑色区域为测量结果波形显示屏。

（2）显示屏下方为光标测量结果显示区，包括时间测量值和电压测量值，但是该区域功能受示波器操作面板上 AmpCursor 开关和 TimeCursor 开关控制（详见 AmpCursor 开关和 TimeCursor 开关功能）：

Amp：该行显示电压测量值；

Time：该行显示时间测量值；

Cursor1：该列显示电压和时间在光标 1 处的测量值；

Cursor2：该列显示电压和时间在光标 2 处的测量值；

Cursor2－Cursor1：该列显示光标 2 与光标 1 之间的差值。

测量结果如图 2.27 所示：

	Cursor 1	Cursor 2	Cursor 2-Cursor 1
Amp	-12.71V	14.88V	27.59V
Time	78.33ms	82.34ms	4.01ms

图 2.27　电压和时间测量结果

（3）显示屏右侧为通道信号基本信息显示区，但是该区域功能受示波器操作面板上 ShowChannelInfo 开关控制（详见 ShowChannelInfo 开关功能）：

Max：信号的最大电压值；

Min：信号的最小电压值；

AC：信号的交流分量（显示为有效值）；

DC：信号的直流分量；

Fre：信号的频率值；

Period：信号的周期值；

P-P：信号的峰-峰值。

信号基本信息显示结果如图 2.28 所示：

	CH1	CH2	CH3	CH4
Max	9.90V	9.20V	702.20mV	0.00V
Min	-9.90V	-19.83nV	-9.90V	0.00V
AC	7.07V	3.55V	4.13V	0.00V
DC	-29.02nV	2.87V	-2.87V	0.00V
Fre	=999.97Hz	1.00kHz	1.00kHz	0.00Hz
Period	1.00ms	1.00ms	1.00ms	0.00s
P-P	19.81V	9.20V	10.61V	0.00V

图 2.28　信号基本信息

（4）操作面板上其他开关、按键及其功能参数，见表 2.2。

表 2.2 操作面板上其他开关、按键及其功能参数

开关、按键或参数名称	开关、按键及其功能参数
CH	功能：选择配置哪个通道信号位置及分辨率。
Run/Stop	功能：开启或暂停四通道示波器的运行——开关处于 On 状态时，示波器运行；开关处于 Off 状态时，示波器暂停运行。 使用：通过点击 Run/Stop 开关可切换开关状态。
Show ChannelInfo	功能：控制通道信号基本信息显示区——开关处于 On 状态时，显示通道信号基本信息；开关处于 Off 状态时，关闭通道信号基本信息显示。 使用：通过点击 ShowChannelInfo 开关可切换开关状态。
AutoSet	功能：根据每一个通道信号的基本信息，系统自动设置面板上各个通道的 Y/Pos 和 Y/DIV 参数值，以便于观察信号输出波形。 使用：通过点击 AutoSet 按键激活 AutoSet 功能。
Input	功能：Input 模块区域的功能是实现示波器对波形显示模式的选择。 使用：拖动白色选框至需要的显示模式或直接用鼠标左击需要的显示模式选项，或者激活模式选项滑动条后，通过上下滚动鼠标滑轮选择波形显示模式。 YT——输出波形的 X 轴为时间，Y 轴为通道 1、通道 2、通道 3 或通道 4 信号。 XY——此模式下通道 1 信号和通道 2 信号绘制在一起，X 轴为通道 2 信号，Y 轴为通道 1 信号（利萨如模型）。此模式用于测量通道 1 信号与通道 2 信号的频率比和相位差。其中，通道 1 可任选 A、B、C、D 四个中任意一个，通道 2 同样可选四个通道中任意一个。 Math——输出波形的 X 轴为时间，Y 轴为通道 1 信号数据值与通道 2 信号数据值进行相加、相减或相乘后的信号。
CHX	CHX 模块区域的功能：设置通道 X 信号的参数（通过 CH 确定要设置哪个通道的功能参数，以 CH1 通道为例，不同的波形输出模式各功能参数会有相应改变，详见下述各功能参数介绍）。 **Visible** 功能：控制通道 1 信号的输出波形是否显示——开关处于 On 状态时，显示通道 1 信号波形；开关处于 Off 状态时，关闭通道 1 信号波形。（该开关只在波形输出模式为 YT 时起作用） 使用：点击 Visible 开关切换开关状态。 **Y/Pos** 功能（不同的波形输出模式功能有所不同）： ① YT 模式：设置通道 1 信号波形在 Y 轴的起始位置（电压方向的偏移量）。例如：该参数值为 0，则通道 1 信号在 Y 轴的起始位置为显示屏中间处，该参数值为 0.2，则起始位置在 X 轴上方 1/5 的方格处，该参数值为 1，则起始位置在 X 轴上方第一个方格处；该参数值为 −1，则起始位置是在 X 轴下方第一个方格处； ②XY 模式：若通道 1 信号在 CH1 处，则设置输出波形在 Y 轴方向上的起始位置，若通道 1 信号在 CH2 处，则设置输出波形在 X 轴方向上的起始位置； ③ Math 模式：设置输出波形在 Y 轴方向上的起始位置。 使用：点击 Y/Pos 参数设置方框左侧上下箭头（或上下滚动鼠标中间滑轮）增加或减小该参数值，或通过点击 Y/Pos 参数设置方框直接在方框内输入参数值（该参数值小数点后两位有效数字）。

（续表 2.2）

开关、按键或参数名称		开关、按键及其功能参数
CHX	Y/DIV	功能(不同的波形输出模式功能有所不同): ① YT 模式:设置通道 1 信号波形在 Y 轴方向的分辨率,即 Y 轴方向上每一方格代表的电压值。根据信号幅值适当设置该参数值可以在屏幕上观察完整的信号波形,否则波形顶端部分将无法看到。例如:示波器通道 1 输入一个峰值为 25 V 的正弦电压信号,若 Y/DIV 值为 10V/DIV,输出的波形电压值总共需要占 5 方格(峰-峰值为 25 V×2=50 V,方格数=50 V/(10V/DIV)),此时可在屏幕上观察到完整的波形,若 Y/DIV 值为 5V/DIV,输出的波形电压值总共需要占 10 方格,此时在屏幕上则无法观察到完整的波形; ② XY 模式:若通道 1 信号在 CH1 处,则设置输出波形在 Y 轴的分辨率,若通道 1 信号在 CH2 处,则设置输出波形在 X 轴的分辨率; ③ Math 模式:设置输出波形在 Y 轴的分辨率,只有 CH1 处的通道信息可以控制 Math 模式下的波形分辨率。 使用:点击 Y/DIV 参数设置方框左侧上下箭头(或上下滚动鼠标中间滑轮)增加或减小该参数值,或通过点击 Y/DIV 参数设置方框在参数值选项面板上选择参数值。 (参数值范围:1pV/DIV ～500TV/DIV)
	Coupling	功能:选择通道 1 信号的耦合方式: AC——交流耦合,显示信号中的交流分量; DC——直流耦合,显示原始信号; GND——接地(一条水平线,该水平线的位置依赖 Y/Pos 的设置)。 使用:点击按键激活对应的功能。
Time	Time 模块区域的功能:设置 X 轴参数(仅 YT 模式)。	
	Time/DIV	功能:时间轴分辨率,即 X 轴方向上每一方格代表的时间值。为了更好地观察信号波形,该参数值一般设置为输入信号的周期(若输入两个信号,该参数值可设为两个信号周期的最小公倍数或根据实际情况进行适当调整)。 使用:点击 Time/DIV 参数设置方框左侧上下箭头(或上下滚动鼠标中间滑轮)增加或减小该参数值,或通过点击 Time/DIV 参数设置方框在参数值选项面板上选择参数值。 (参数值范围:1ps/DIV ～500Ts/DIV)
	Time/Pos	功能:时间轴偏移量。例如:该参数值为 0,则时间的起始位置是屏幕中间处;该参数值为 0.2,则时间的起始位置是在 Y 轴右侧 1/5 的方格处;该参数值为 1,则时间的起始位置是在 Y 轴右侧第一个方格处;该参数值为 -1,则时间的起始位置是在 Y 轴左侧第一个方格处。 使用:点击 Time/Pos 参数设置方框左侧上下箭头(或上下滚动鼠标中间滑轮)增加或减小该参数值,或通过点击 Time/Pos 参数设置方框直接在方框内输入参数值(该参数值小数点后一位有效数字)。
Trigger	Trigger 模块区域的功能:设置双通道示波器的触发条件,并保证输出波形稳定。	
	CH	功能:触发通道选择。 使用:点击 CH 参数设置方框左侧上下箭头(或上下滚动鼠标中间滑轮)改变通道,或通过点击 CH 参数设置方框在通道选项面板上选择触发通道。
	Edge	功能:触发边沿选择——上升沿触发(上箭头)或下降沿触发(下箭头)。 使用:点击按键激活对应的功能。
	Level	功能:触发电平值设置。该值结合触发电平单位,若大于触发通道信号的最大电压值,屏幕将无信号波形。 使用:点击 Level 参数设置方框左侧上下箭头增加或减小该参数值,或通过点击 Level 参数设置方框直接在方框内输入参数值(该参数值小数点后有效位为两位)。
	Unit	功能:触发电平单位选择。 使用:点击 Unit 参数设置方框左侧上下箭头改变触发电平单位,或通过点击 Unit 参数设置方框在触发电平单位选项面板上选择触发电平单位。

开关、按键或参数名称		开关、按键及其功能参数
Trigger	Type	功能:触发模式选择: Single——单次触发。此模式下,示波器实行单次扫描,直到手动重启扫描系统(再次按下该按钮或者其他触发模式类型的按钮)才能产生下一次扫描; Normal——常规触发模式。此模式下,示波器按触发条件(触发电平和触发边沿)扫描信号,每满屏一次示波器触发一次。该模式便于观察波形的细节,多用于输入信号比较复杂的情况。 Auto——自动触发模式。满足触发条件时(触发电平和触发边沿),示波器按触发条件扫描信号,若不满足触发条件,示波器会根据自身系统的设置进行扫描。 使用:点击按键激活对应的功能。
Measure	Measure 模块区域的功能:示波器测量参数的设置。	
	CH	功能:测量通道的选择。 使用:拖动白色选键至需要测量的通道选项或直接用鼠标左击需要测量的通道选项,或者激活通道选项滑动条后,通过上下滚动鼠标滑轮选择测量通道。
	AmpCursor	功能:开启或关闭幅值测量光标——开关处于 On 状态时,屏幕显示两条幅值测量光标,同时光标测量结果显示区内显示幅值光标测量结果(Amp 参数),即幅值光标所在位置的电压值;开关处于 Off 状态时,屏幕上无幅值测量光标,同时光标测量结果显示区内幅值光标测量结果(Amp 参数)消失。 使用:通过点击 AmpCursor 开关可切换开关状态。
	TimeCursor	功能:时间测量光标开启和关闭——开关处于 On 状态时,屏幕显示两条时间测量光标,同时光标测量结果显示区内显示幅值测量结果(Time 参数),即时间光标所在位置的时间值;开关处于 Off 状态时,屏幕上无时间测量光标,同时光标测量结果显示区内时间测量结果(Time 参数)消失。 使用:通过点击 TimeCursor 开关可切换开关状态。
	Cursors of Time	功能:时间测量光标的位置设置。 Time Cursor1——时间测量光标 1 的位置参数设置。例如,旋钮参数值为 0.5,此时时间测量光标 1 在 Y 轴右侧屏幕 1/3(0.5/1.5)处;旋钮参数值为 1,时间测量光标 1 在 Y 轴右侧屏幕 2/3(1/1.5)处;旋钮参数值为 -1,时间测量光标 1 在 Y 轴左侧屏幕 2/3($-1/-1.5$)处。旋钮下方参数设置框内的数值与旋钮上的数值对应。 Time Cursor2——时间测量光标 2 的位置参数设置。 使用:拖动旋钮上的指针或点击旋钮下方参数框左侧上下箭头(或上下滚动鼠标滑轮)改变参数值。(参数值范围:$-1.5\sim1.5$)
	Cursors of Amplitude	功能:幅值测量光标的位置设置。 AmpCursor1——幅值测量光标 1 的位置设置。例如,旋钮参数值为 0.6 时,幅值测量光标 1 在 Y 轴上方屏幕 1/2(0.6/1.2)处;旋钮参数值为 -1 时,幅值测量光标 1 在 Y 轴下方屏幕 5/6($-1/-1.2$)处。旋钮下方参数设置框内的数值与旋钮上的数值对应。 AmpCursor2——幅值测量光标 2 的位置设置(同光标 1)。 使用:拖动旋钮上的指针或点击旋钮下方参数框左侧上下箭头(或上下滚动鼠标滑轮)改变参数值。(参数值范围:$-1.2\sim1.2$)

3.4　实验操作及注意事项

四通道示波器的具体使用步骤如下:

(1) 单击四通道示波器工具栏按钮,将其图标放置在实验台上,双击图标打开仪器。

(2) 按照需求选择四通道示波器与电路相连接的方式。

实验:搭建一个如图 2.29 所示的电路图,并用四通道示波器对输入信号波形进行观测。

实验结果:四通道示波器仪器测量结果如图 2.30 所示。

由图 2.29 可知,四通道示波器通道 1 连接信号 V_1,通道 2 连接信号 V_2,通道 3 连接信

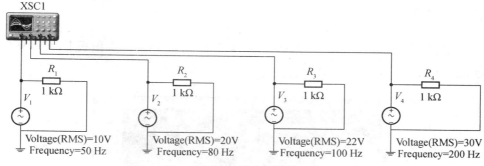

图 2.29　测试电路

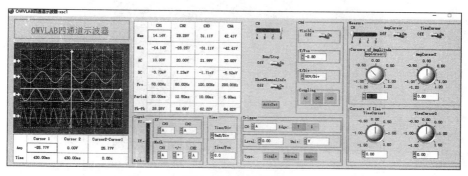

图 2.30　实验结果

号 V_3，通道 4 连接信号 V_4，则对应的输出波形如图 2.30 所示(红色的为通道 1 信号波形，绿色的为通道 2 信号波形)。

实验连接时要注意四通道示波器与实际仪器的不同：

（1）两个通道的正端分别只需要一根导线与待测点相连接，这时测量的是该点与地之间的波形。

（2）若需测量器件两端的信号波形，只需将通道的正、负端与器件两端相连即可。

4　八通道示波器

八通道示波器用来显示信号波形及部分信息，其使用方法与双通道示波器相似，但存在以下两个最大不同点：

（1）输入通道个数由 2 个变为 8 个；

（2）去掉了触发模块和测量模块，默认触发方式为 Auto。

4.1　图标

图 2.31 为八通道示波器的图标。八通道示波器的图标中共有 16 个端子，分别为通道 1～8 的正、负端。

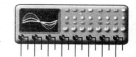

图2.31　八通道示波器图标

4.2　操作面板

双击八通道示波器图标,弹出相应操作面板,如图 2.32 所示。在面板上,可观察信号的输出波形,并且通过面板可对波形的显示等信息进行设置。

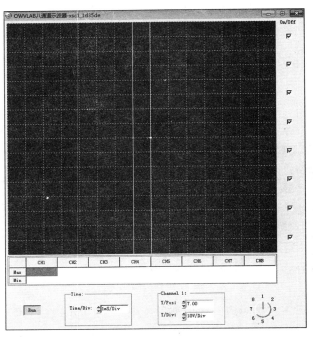

图 2.32　八通道示波器操作面板

4.3　功能参数及设置

八通道示波器操作面板上各区域、按键功能及相关参数设置如下:

(1)操作面板上的黑色区域为测量结果波形显示屏;

(2)显示屏下方为波形最大值及最小值结果显示区;

测量结果如图 2.33 所示:

	CH1	CH2	CH3	CH4	CH5	CH6	CH7	CH8
Max	311.127V	1.000V	5.000V	5.000V	5.000V	5.000V	9.920V	0.000V
Min	-144.163V	-1000.000mV	0.000V	0.000V	0.000V	-5.000V	-9.934V	0.000V

图 2.33　最大值和最小值测量结果

(3)操作面板上其他开关、按键及其功能参数见表 2.3。

表 2.3　操作面板上其他开关、按键及其功能参数

开关、按键或参数名称	开关、按键及其功能参数	
Run/Pause	功能:开启或暂停八通道示波器的运行——开关处于 On 状态时,示波器运行;开关处于 Off 状态时,示波器暂停运行。(Run 时为绿色,Pause 时为红色)。 使用:通过点击 Run/Pause 开关可切换开关状态。	
Time	用于设置时间轴分辨率 Time/DIV,即 X 轴方向上每一方格代表的时间值。为了更好地观察信号波形,该参数值一般设置为输入信号的周期(若输入两个信号,该参数值可设为两个信号周期的最小公倍数或根据实际情况进行适当调整)。 使用:点击 Time/DIV 参数设置方框左侧上下箭头(或上下滚动鼠标中间滑轮)增加或减小该参数值,或通过点击 Time/DIV 参数设置方框在参数值选项面板上选择参数值。 (参数值范围:1ps/DIV ～500Ts/DIV)	
Channel X	Channel X 模块区域的功能:设置通道 X 信号的参数(通过 CH 确定要设置哪个通道,以 CH1 通道为例,根据不同的波形输出模式各功能参数会有相应改变,详见下述各功能参数介绍)。	
	Y/Pos	设置通道 1 信号波形在 Y 轴的起始位置(电压方向的偏移量)。例如:该参数值为 0,则通道 1 信号在 Y 轴的起始位置为显示屏中间处;该参数值为 0.2,则起始位置是在 X 轴上方 1/5 的方格处;该参数值为 1,则起始位置是在 X 轴上方第一个方格处;该参数值为 −1,则起始位置是在 X 轴下方第一个方格处。
	Y/DIV	设置通道 1 信号波形在 Y 轴的分辨率,即 Y 轴方向上每一方格代表的电压值。根据信号幅值适当设置该参数值可以在屏幕上观察完整的信号波形,否则波形顶端部分将无法看到。例如:示波器通道 1 输入一个峰值为 25 V 的正弦电压信号,若 Y/DIV 值为 10 V/DIV,输出的波形电压值总共需要占 5 方格(峰-峰值为 25 V×2＝50 V,方格数＝50 V/(10 V/DIV)),此时可在屏幕上观察到完整的波形,若 Y/DIV 值为 5 V/DIV,输出的波形电压值总共需要占 10 方格,此时在屏幕上则无法观察到完整的波形。
CH	功能:选择配置哪个通道信号位置及分辨率(对应面板最右端的旋转按钮)。	
On/Off	功能:打开或关闭通道对应的波形。	

4.4　实验操作及注意事项

八通道示波器的具体使用步骤如下:

(1) 单击八通道示波器工具栏按钮,将其图标放置在实验台上,双击图标打开仪器。

(2) 按照需求选择八通道示波器与电路相连接的方式。

实验:搭建一个如图 2.34 所示的电路图,并用八通道示波器对输入信号波形进行观测。

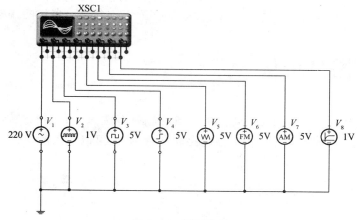

图 2.34　测试电路

实验结果:八通道示波器仪器显示结果如图 2.35 所示。

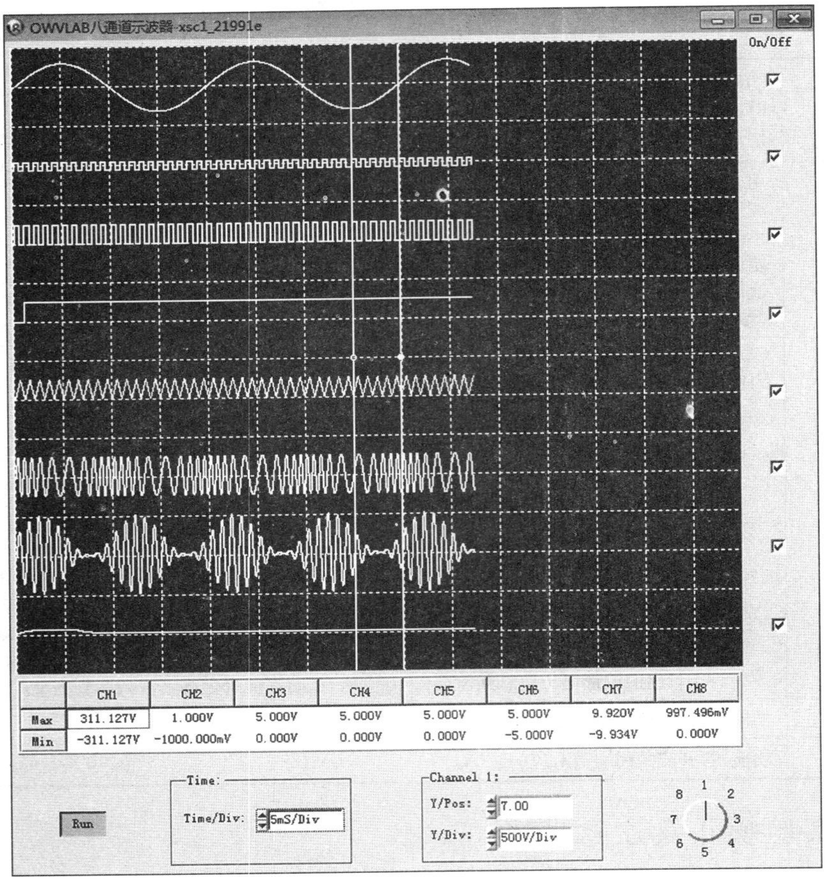

图 2.35 示波器仪器显示结果

实验连接时要注意八通道示波器与实际仪器的不同:

(1) 两个通道的正端分别只需要一根导线与待测点相连接,这时测量的是该点与地之间的波形。

(2) 若需测量器件两端的信号波形,只需将通道的正、负端与器件两端相连即可。

5 波特图分析仪

波特图分析仪用来测量和显示电路或系统的幅频特性 $A(f)$ 与相频特性 $\varphi(f)$,即电路的频率响应特性。该仪器对于分析滤波电路非常有用,也可以用来测量信号的幅值增益和相位偏移。

5.1　图标

图 2.36 为波特图分析仪的图标。波特图分析仪的图标中共有 4 个端子,两个输入端子(IN)和两个输出端子(OUT),其中,输入端子 IN+、IN-分别与电路输入端的正、负端子相连接,输出端子 OUT+、OUT-分别与电路输出端的正、负端子相连接。

图 2.36　波特图分析仪图标

5.2　操作面板

双击波特图分析仪图标,弹出波特图分析仪操作面板,如图 2.37 所示。在面板上,可读取输出曲线中任意一点对应的频率和幅值(或相位),并且通过面板可对波特图分析仪的参数进行设置。

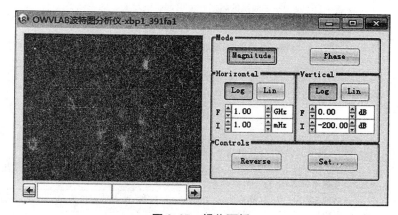

图 2.37　操作面板

5.3　功能参数及设置

波特图分析仪操作面板上各区域、按键的功能及其相关参数设置如下:

(1) 黑色区域为结果显示屏,用于显示输出结果(幅频图或相频图),如图 2.38 所示。

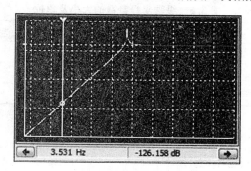

图 2.38　结果显示屏

(2) 光标状态栏: 。移动图 2.38 中的垂直光标,可在光标状态栏中读取输出曲线中任意一点对应的频率和幅值（或相位）：左边为频率，右边为幅值（或相位）。

（3）操作面板上的其他参数见表2.4。

表 2.4　操作面板上的其他参数

参数名	参数描述
Mode	Magnitude——测量电路（或系统）的幅频特性，即幅值随频率的变化。
	Phase——测量电路（或系统）的相频特性。
Horizontal	在测量电路（或系统）频率响应的过程中，横轴表示频率。通过设置该区内 I 和 F 两个参数值，确定横轴显示的频率范围。由于频率响应的分析需要在很大频率范围内进行，所以实验时通常选用对数模式显示分析结果。
	Log——设置横轴为对数刻度，当所测量信号的频率范围较大时，选用该模式。
	Lin——表示 X 轴坐标刻度为线性。
	I——设置屏上所要观察的曲线的频率 Initial（起始值）。
	F——设置屏上所要观察的曲线的频率 Final（最终值）。
Vertical	测量幅频特性时，纵轴显示的是电路输出电压与输入电压的比值，测量相频特性时，纵轴显示的是相位角。
	Log——设置纵轴为对数刻度。该参数只在测量幅频特性时起作用，此时，该轴以分贝的形式显示信号的幅值增益，单位为 dB，分贝值计算方法如下：$$dB=20\log\frac{U_o}{U_i}$$
	Lin——设置纵轴为线性刻度。在测量幅频特性时，为幅值线性增益，在测量相频特性时，表示输出信号与输入信号间的相位差，单位为 Deg（度）。
	I——设置纵轴坐标 Initial（起始值）。若测量相频特性，该参数单位为 Deg 且不可更改，若选为 Log 模式，该参数单位为 dB 且不可更改。
	F——设置纵轴坐标 Final（最终值）。若测量相频特性，该参数单位为 Deg 且不可更改，若选为 Log 模式，该参数单位为 dB 且不可更改。
Controls	Reverse——设置显示屏背景颜色（黑色或白色）。
	Set...——单击该按钮，出现"Setting"参数设置对话框，在该对话框中对输出曲线的分辨率进行设置。

（4）纵轴坐标参数

纵轴坐标参数的单位及参数值大小根据不同情况有所变化，见表2.5。

表 2.5　纵轴坐标参数的大小及单位

测量模式	坐标轴模式	坐标参数最小值	坐标参数最大值
幅频特性	Log	−200 dB	200 dB
幅频特性	Lin	0	10E+09
相频特性	Lin	−720°	720°

5.4　实验操作及注意事项

波特图分析仪的具体使用步骤如下：

（1）单击波特图分析仪工具栏按钮，将其图标放置在实验台上，双击图标打开仪器面板。

（2）按照要求将仪器与电路相连接，根据观测需求及测量信号的频率范围和幅值大小对仪器操作面板上的各参数进行设置。

　　实验:搭建一个如图 2.39 所示的电路,其中 V_1 为交流电压源,有效值为 120 V,频率为 60 Hz。

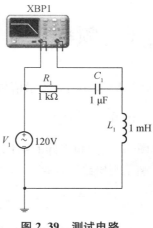

图 2.39　测试电路

　　实验结果:

　　(1) 幅频特性分析结果如图 2.40 所示。

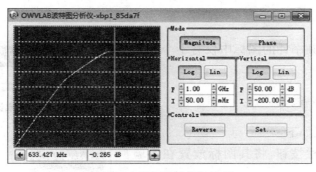

图 2.40　幅频特性分析结果

　　(2) 相频特性分析结果如图 2.41 所示。

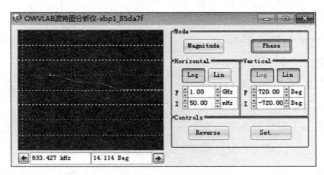

图 2.41　相频特性分析结果

　　在使用波特图分析仪时应注意以下几点:

　　(1) 波特图分析仪本身没有信号源,故在使用该仪器时应在电路的输入端口接入一个交流信号源或者函数信号发生器,但对信号源的参数无要求。

　　(2) 仿真实验完成后,如果波特图分析仪的坐标刻度范围变大,则需要重新运行一下电路以便从输出曲线中得到更加详细的信息;如果波特图分析仪接线端被移到不同节点的话,为了确保测量结果的准确性,也必须重新运行电路。

　　(3) 在设置波特图分析仪面板上 X 轴频率范围和 Y 轴范围时需要根据测量信号的频率范围和幅值大小来确定,若仪器所设各轴范围过大或过小,在显示屏上将显示不出信号曲线。例如,对于无源网络(谐振电路除外),由于 $A(f)$ 的最大值为 1,故此时 Y 轴的最终坐标应设为 0 dB,而初始值应设为负值。

6 频率计

频率计用来测量信号的频率。

6.1 图标

图2.42为频率计的图标。频率计的图标中仅有1个外接端子与电路相连接。

图2.42 频率计图标

6.2 实验操作及注意事项

频率计的具体使用步骤如下：

（1）单击频率计工具栏按钮，将其图标放置在实验台上；

（2）按照要求将仪器与电路相连接。

实验：搭建一个如图2.43所示电路，使用频率计测试该电压信号的频率值。

实验结果：频率计实验结果如图2.44所示。

在使用时频率计应注意：

（1）频率计的测量范围是10 Hz～10 GHz；

（2）频率计的测量结果与电路的仿真步长有关（仿真步长一般设置为信号周期的1/100～1/10）。

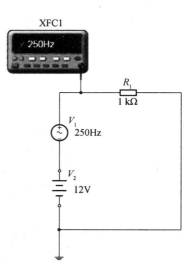

图2.43 测试电路

7 频谱分析仪

频谱分析仪是研究电信号频谱特征的仪器，用于信号失真度、调制度、谱纯度、频率稳定度和交调失真等参数的测量，可用来测量放大器、滤波器等电路系统的参数，是一种多用途的电子测量仪器。频谱分析仪又称为频域示波器、跟踪示波器、分析示波器、谐波分析器、频率特性分析仪或傅里叶分析仪等。

图2.44 实验结果

7.1 图标

图2.45为频谱分析仪的图标。频谱分析仪的图标中共有两个输入端子（IN），即输入端 IN＋、IN－，可分别与电路的任意两个端子相连接。

图2.45 频谱分析仪图标

7.2　操作面板

双击频谱分析仪图标,弹出频谱分析仪操作面板,如图 2.46 所示。此面板为 Windows 10 系统显示面板,Windows 7 系统面板颜色会有些许变化。在面板上,可读取输出曲线中任意一点对应的频率和幅值,并且通过面板可对频谱分析仪的参数进行设置。

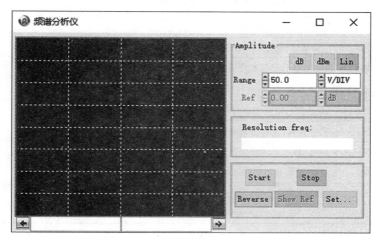

图 2.46　操作面板

7.3　功能参数及设置

(1) 黑色区域为结果显示屏,用于显示输出结果(幅频图),如图 2.47 所示。

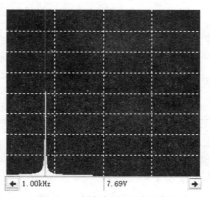

图 2.47　输出结果显示屏

(2) 光标状态栏: ![1.00kHz 7.69V]。移动图 2.47 中垂直光标,可在光标状态栏中读取输出曲线中任意一点对应的频率和幅值:左边为频率,右边为幅值,也可通过左边文本框输入频率,改变光标位置。

(3) 操作面板上的其他参数见表 2.6。

表 2.6　操作面板上其他参数

参数名	参数描述
Amplitude	dB——设置纵轴为对数刻度。此时,该轴以分贝的形式显示信号的幅值增益,单位为 dB,分贝值计算方法如下:dB=$20\times\lg U$
	dBm——设置纵轴为对数刻度。此时,该轴以分贝毫的形式显示信号的幅值增益,单位为 dBm,分贝毫值计算方法如下:dBm=$10\times\lg\dfrac{U}{0.755}$
	Lin——设置纵轴为线性刻度。
	Range——设置纵轴分辨率,即每一小格代表多少 V 或 dB、dBm。
	Ref——设置测量分贝值和分贝毫值时纵轴基准线的位置。
Resolution freq	显示当前频率分辨率。
Controls	Start——开始进行信号傅里叶变换并显示在屏幕上。
	Stop——停止计算,此时可重新进行相关设置。
	Reverse——设置显示屏背景颜色(黑色或白色)。
	Show Ref——设置是否显示纵轴基准线。
	Set...——设置傅里叶变换点数。
Settings	FFT Points——设置傅里叶变换点数。

（4）纵轴坐标参数

纵轴坐标参数的单位及参数值大小根据不同情况有所变化,见表 2.7。

表 2.7　纵轴坐标参数的单位及数值大小

测量模式	坐标轴模式	坐标参数最小值	坐标参数最大值
线性模式	Lin	0.01 V/DIV	50 V/DIV
分贝模式	dB	0.01 dB/DIV	50 dB/DIV
分贝毫模式	dBm	0.01 dBm/DIV	50 dBm/DIV
纵轴基准	坐标轴模式	坐标参数最小值	坐标参数最大值
dB	Ref	0 dB	100 dB
dBm	Ref	0 dBm	100 dBm

7.4　实验操作及注意事项

频谱分析仪的具体使用步骤如下:

（1）单击频谱分析仪工具栏按钮,将其图标放置在实验台上,按照要求将仪器与电路相连接。

（2）双击图标打开仪器面板,根据观测需求及测量信号的频率范围和幅值大小对仪器操作面板上的各参数进行设置。

实验:搭建一个如图 2.48 所示的电路,使用频谱分析仪对节点 1 的信号进行频率特性分析。

实验结果:频域分析仪仪器显示结果如图 2.49 所示:

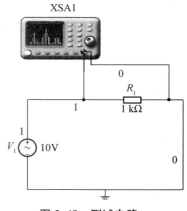

图 2.48　测试电路

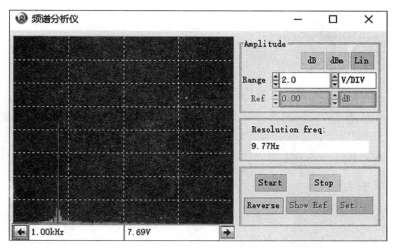

图 2.49　仪器显示结果

　　打开频谱分析仪，默认测量 Lin 模式下的幅频响应，点击"Start"按钮，等待波形分析结果，可调节 Range 范围设置幅度分辨率。

　　Start 模式下，不能设置 Set... 面板中的 FFT Points 值。点击"Stop"，"Set..."变亮，可点击并设置 FFT Points 点数。如图 2.50 所示。

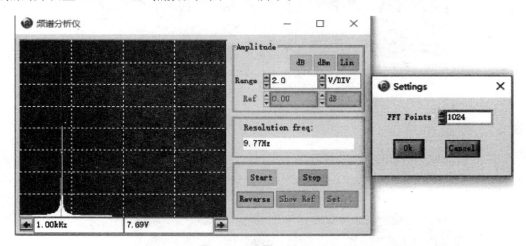

图 2.50　设置 FFT Points

在使用时频谱分析仪应注意：

（1）光标位置可随意点击确定，无需按从左到右拖动；

（2）调节幅度模式、Range 范围和 Ref 值时，应在 Start 模式下进行调节。

8　固纬信号发生器：AFG-2005

　　信号发生器是一种能提供各种频率、波形和输出电平的电信号的设备。在测量各种电信系统或电信设备的振幅特性、频率特性、传输特性及其他电参数时,以及测量元器件的特性与参数时,用作信号源或激励源。

8.1　图标

图 2.51 为固纬 AFG-2005 任意信号发生器的图标。信号发生器的图标中共有 4 个端子,两个 MAIN output port 输出端子(OUT),两个 SYNC output port 输出端子(OUT)。现在,本仪器只通过 MAIN output port 往外发送数据。

图 2.51　信号发生器图标

8.2　操作面板

双击信号发生器图标,弹出信号发生器操作面板,打开仪器面板右下角的电源按钮开启信号发生器,如图 2.52 所示。在面板上,可设置正弦波、方波、三角波、噪声和 ARB(任意信号)波形的各自对应参数,并通过 OUTPUT 按键输出波形信息。

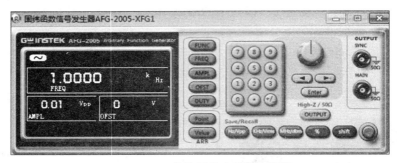

图 2.52　固纬信号发生器操作面板

8.3　功能介绍

(1) 面板功能划分如图 2.53 所示。

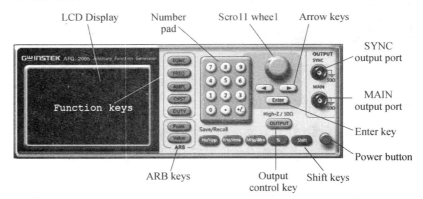

图 2.53　面板功能划分

(3) 操作面板上按键的功能明细见表 2.8。

表 2.8　操作面板上的按键功能

按钮名称	按钮外形	功能介绍
LCD Display		三色 LCD 显示
Number pad		用于输入数值和参数,常与方向键和可调旋钮一起使用
Scroll Wheel		用于编辑数值和参数。与方向键一起使用 减小　增大
Arrow keys		编辑参数时,用于选择数位
Output ports	OUTPUT SYNC	SYNC 输出端口(50Ω 阻抗)
	MNN	主输出端口(50Ω 阻抗)
Enter key	Enter	用于确认输入值
Power button	POWER	启动/关闭仪器电源
Output control key	OUTPUT	启动/关闭输出
Operation keys	Hz/Vpp	选择单位 Hz 或 V_{p-p}
	Shift + Hz/Vpp (Save/Recall)	存储或调取波形
	kHz/Vrms	选择单位 kHz 或 V_{rms}
	MHz/dBm	选择单位 MHz 或 dBm
	%	选择单位%
	Shift	用于选择操作键的第二功能
ARB edit keys	Point / Value (ARB)	任意波形编辑键;"Point"键设置 ARB 的点数;"Value"键设置所选点的幅值

按钮名称	按钮外形	功能介绍
	FUNC	用于选择输出波形类型:正弦波、方波、三角波、噪声波、ARB
Function keys	FREQ	设置波形频率
	AMPL	设置波形幅值
	OFST	设置波形的 DC 偏置
	DUTY	设置方波和三角波的占空比

8.4 实验操作及注意事项

信号发生器的具体使用步骤如下:

(1)单击信号发生器工具栏按钮,将其图标放置在实验台上,按照要求将仪器与电路相连接。

(2)双击图标打开仪器面板,根据电路的需要对仪器操作面板上的各参数进行设置。

实验:搭建一个如图 2.54 所示的电路,使用信号发生器为电路产生信号。

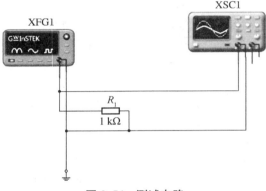

图 2.54 测试电路

实验结果:信号发生器面板如图 2.55 所示:

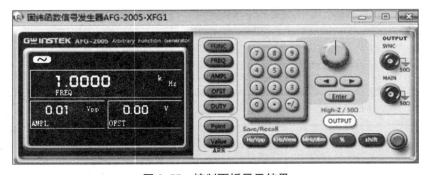

图 2.55 控制面板显示结果

在使用信号发生器时应注意：

（1）点击"FREQ"键，"FREQ"键闪烁时，方可设置或调节当前波形频率值。

（2）ARB 波形的 point 点数必须从小到大，依次设置。

（3）旋钮可用于查看 ARB 各个 point 点的对应值，不用于设置 point 点和 value 值。

（4）五种波形的峰-峰值与电压偏置有一定的关系。

即：$V_{p-p}+2\times|\text{ofst}|=10\text{ V}$

（5）峰-峰值、有效值和分贝毫值之间的关系表达式为：

正弦波：

$V_{p-p}=2\sqrt{2}\times V_{rms}$、$\text{dBm}=10\times\log_{10}(V_{rms}^2/R\times1\,000)$，其中 $R=50\ \Omega$。

三角波：

$V_{p-p}=2\sqrt{3}\times V_{rms}$、$\text{dBm}=10\times\log_{10}(V_{rms}{}^2/R\times1\,000)$，其中 $R=50\ \Omega$。

其他三种信号：方波，噪声，ARB：

$V_{p-p}=2\times V_{rms}$、$\text{dBm}=10\times\log_{10}(V_{rms}^2/R\times1\,000)$，其中 $R=50\ \Omega$。

（6）ARB 波形中，FREQ 和 Rate 频率设置的关系表达式为：

$\text{Rate}_{max}=20\text{ MHz}$、$\text{FREQ}_{max}=\text{Rate}_{max}/N$，其中 N 为 point 设置点数。

$\text{FREQ}=\text{Rate}/N$。

（7）ARB 波形中，实际输出电压值和设置的峰-峰值、偏置电压和 value 值关系表达式为：

实际 output 值$=\pm V_{p-p}/((10-1\log_{10}(\text{value})/\log_{10}2)\times10)+2\times\text{ofst}$

（8）ARB 波形各个点之间的时间间隔同设置的频率和 point 点数的关系为：

$T_0=1/\text{FREQ}/N$，其中 N 为设置好的 point 点数，T_0 为输出信号各个点之间的时间间隔。

（9）输入值超出范围时对应的标志：

donE：表示成功；

E09：表示为空；

E08：表示过大；

E07：表示过小；

E10：设置 point 的时候没有按照 0～4095 的顺序进行设置；

E21：设置的 value 的范围不在 -511～511 范围内。

（10）实际仪器的 AMPL 设置是将峰-峰值按照振幅输出，即设置信号发生器的峰-峰值为 2 V，则实际输出信号的峰-峰值为 4 V。详情请参考固纬 AFG-2005 信号发生器官网。

（11）实际仪器的 OFST 设置是将电压偏置乘以 2 输出的，即设置信号发生器的 OFST 值为 1 V，则实际输出信号的偏置电压为 2 V。详情请参考固纬 AFG-2005 信号发生器官网。

8.5　快速操作

8.5.1　如何使用数字输入

AFG-2005 有三种主要的数字输入方法：数字键盘、方向键和可调旋钮。下面将为您介绍如何使用数字输入来编辑参数。

（1）首先按"Function"键或"ARB"键，该键变亮，如图 2.56 所示。

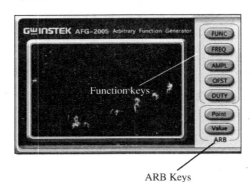

图 2.56　按"Function"键

（2）使用方向键将光标移至需要编辑的数位，如图 2.57 所示。

图 2.57　使用方向键移动光标

（3）使用可调旋钮编辑数值，只调节当前位数，顺时针增大数值，逆时针减小数值。

（4）按"Enter"键确认新参数值。

（5）或者使用数字键设置参数值，如图 2.58 所示。

图 2.58　使用数字键设置参数　　　　　　**图 2.59　选择数值单位**

（6）选择数值单位（Hz、kHz、MHz、V_{p-p}、V_{rms}、dBm、%），如图 2.59 所示。

8.5.2　选择波形

1）正弦波

如选正弦波，10 kHz、1 V_{p-p}，2 V_{DC} 的操作流程如下：

（1）重复按"FUNC"键，选择正弦波，如图 2.60 所示；

图 2.60　选择正弦波　　　　　　　**图 2.61　按"FREQ"选择**

（2）按"FREQ">1>0>kHz，如图 2.61 所示；

（3）按"AMPL">1>V_{p-p}，如图 2.62 所示；

（3）按"AMPL">1>V_{p-p}，如图 2.62 所示；

（4）按"OFST">2>V_{p-p}，如图 2.63 所示；

图 2.62　按"AMPL"选择

图 2.63　按"OFST"选择

（5）按"OUTPUT"键。

2）方波

如选方波，10 kHz、3 V_{p-p}、75％占空比的操作流程如下：

（1）重复按"FUNC"键，选择方波，如图 2.64 所示；

（2）按"FREQ">1>0>kHz，如图 2.65 所示；

图 2.64　按"FUNC"选择方波

图 2.65　按"FREQ"选择

（3）按"AMPL">3>V_{p-p}，如图 2.66 所示；

（4）按"DUTY">7>5>％，如图 2.67 所示；

图 2.66　按"AMPL"选择

图 2.67　按"DUTY"选择

（5）按"OUTPUT"键。

3）三角波

如选三角波，10 kHz、3 V_{p-p}、25％对称性的操作流程如下：

（1）重复按"FUNC"键选择三角波，如图 2.68 所示；

（2）按"FREQ">1>0>kHz，如图 2.69 所示；

图 2.68　按"FUNC"选择三角波

图 2.69　按"FREQ"选择

（3）按"AMPL">3>V_{p-p}，如图 2.70 所示；

（4）按"DUTY">2>5>％，如图 2.71 所示；

图 2.70　按"AMPL"选择

图 2.71　按"DUTY"选择

（5）按"OUTPUT"键。

4）ARB

如选 ARB 点，10 kHz、1V_{p-p}的操作流程如下：

（1）重复按"FUNC"键，选择 ARB 波，如图 2.72 所示；

（2）按"FREQ"＞1＞0＞kHz，如图 2.73 所示；

图 2.72　按"FUNC"选择 ARB 波　　图 2.73　按"FREQ"选择

（3）按"AMPL"＞1＞V_{pp}，如图 2.74 所示；
（4）按"Point"＞0＞"Enter"，如图 2.75 所示；

图 2.74　按"AMPL"选择　　　图 2.75　按"Point"选择

（5）按"Value"＞5＞1＞1＞"Enter"，如图 2.76 所示；
（6）按"Point"＞1＞"Enter"，如图 2.77 所示；

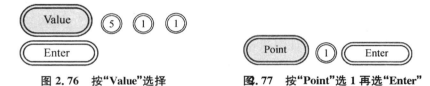

图 2.76　按"Value"选择　　　图 2.77　按"Point"选 1 再选"Enter"

（7）按"Value"＞±＞5＞1＞1＞Enter(－511)，如图 2.78 所示；

图 2.78　按"Value"选择相应值

（8）按"OUTPUT"键。

8.5.3　存储/调取

1）存储波形
（1）按"Shift＞Save/Recall"，选择"Save"，如图 2.79 所示；
（2）旋转可调旋钮，如图 2.80 所示，选择存储编号（0～99）；

图 2.79　按"Shift"选择 Save　　　图 2.80　旋转可调旋钮

（3）按"Enter"确认。
2）调取波形
（1）按"Shift＞Save/Recall"，选择"Recall"，如图 2.79 所示；
（2）旋转可调旋钮，如图 2.80 所示，选择存储编号；
（3）按"Enter"确认。

8.6　详细操作

8.6.1　设置频率

1）面板操作

（1）按"FREQ"键；

（2）频率显示区域 FREQ 图标闪烁，如图 2.81 所示；

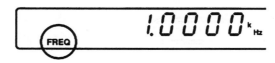

图 2.81　FREQ 图标闪烁

（3）使用"Arrow keys"、"Scroll wheel"和"Enter"键编辑频率，如图 2.82 所示；

（4）使用"Number pad"和"Unit"键输入新的频率，如图 2.83 所示。

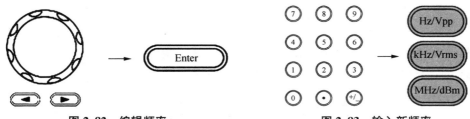

图 2.82　编辑频率　　　　　　　　　图 2.83　输入新频率

2）范围

（1）正弦波：0.1 Hz～5 MHz；

（2）方波：0.1 Hz～5 MHz；

（3）三角波：0.1 Hz～5 MHz。

如 FREQ＝1 kHz 时的显示如图 2.84 所示。

图 2.84　FREQ＝1 kHz 时的显示

8.6.2　设置幅值

1）面板操作

（1）按"AMPL"键；

（2）第二显示区域 AMPL 图标闪烁，如图 2.85 所示；

（3）使用"Arrow keys"、"Scroll wheel"和"Enter"键编辑幅值，如图 2.86 所示；

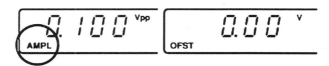

图 2.85　AMPL 图标闪烁

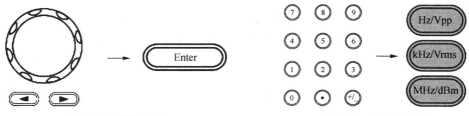

图 2.86　编辑幅值　　　　　　　　　图 2.87　输入新幅值

（4）使用"Number pad"和"Unit"键输入新幅值，如图 2.87 所示。

2）范围

（1）空载：$2\ \mathrm{mV_{p\text{-}p}} \sim 20\ \mathrm{V_{p\text{-}p}}$；

（2）$50\ \Omega$ 负载：$1\ \mathrm{mV_{p\text{-}p}} \sim 10\ \mathrm{V_{p\text{-}p}}$；

（3）如 $\mathrm{AMPL}=1\ \mathrm{V_{p\text{-}p}}$ 时的显示如图 2.88 所示。

图 2.88　$\mathrm{AMPL}=1\ \mathrm{V_{p\text{-}p}}$ 时的显示

8.6.3　设置 DC 偏置

1）面板操作

（1）按"OFST"键；

（2）第二显示区域 OFST 图标闪烁，如图 2.89 所示；

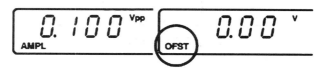

图 2.89　OFST 图标闪烁

（3）使用"Arrow keys"、"Scroll wheel"和"Enter"键编辑偏置，如图 2.90 所示；

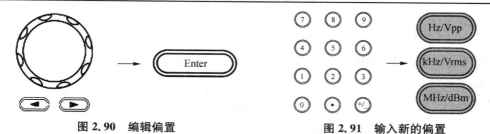

图 2.90　编辑偏置　　　　　　　　　　图 2.91　输入新的偏置

（4）使用"Number pad"和"Unit"键输入新的偏置，如图 2.91 所示。

2）范围

（1）空载（AC＋DC）：$\pm 5V_{pk}$；

（2）50 Ω 负载（AC＋DC）：$\pm 5\ V_{pk}$；

（3）如 OFST＝1VDC 时的显示如图 2.92 所示。

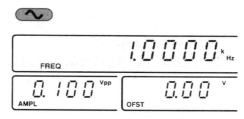

图 2.92　OFST＝1VDC 时的显示

8.6.4　设置占空比

DUTY 键设置标准方波或三角波的占空比。

1）面板操作

（1）选择一个方波或三角波；

（2）按"DUTY"键；

（3）第二显示区域 DUTY 图标闪烁，如图 2.93 所示；

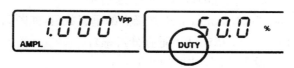

图 2.93　DUTY 图标闪烁

（4）使用"Arrow keys"、"Scroll wheel"和"Enter"键编辑占空比，如图 2.94 所示；

（5）使用"Number pad"和"Unit"键输入新的占空比，如图 2.95 所示。

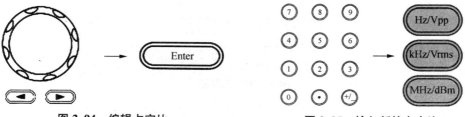

图 2.94　编辑占空比　　　　　　　　　　图 2.95　输入新的占空比

2）占空比范围

不超过 5 MHz：1.0% ～ 99.9%。

8.6.5 创建任意波形

选择载波波形：

（1）重复按"FUNC"键选择 ARB 功能，如图 2.96 所示；

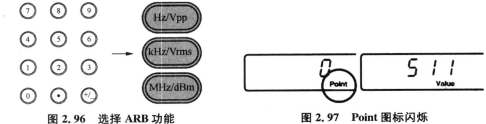

图 2.96 选择 ARB 功能   图 2.97 Point 图标闪烁

（2）按"Point"键；

（3）第二显示区域"Point"图标闪烁，如图 2.97 所示；

（4）使用"Scroll wheel"或"Number pad"选择数据点数，如图 2.98 所示，按"Enter"键确认；

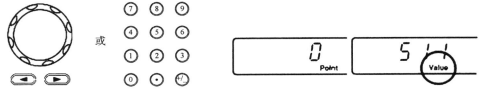

图 2.98 选择数据点数   图 2.99 Value 图标闪烁

点数的范围为：0 ～ 4096；

（5）按 Value 键；

（6）第二显示区域 Value 图标闪烁，如图 2.99 所示；

（7）使用"Scroll wheel"或"Number pad"选择点的垂直数值，如图 2.98 所示，按"Enter"键确认，垂直数值的范围为：±511（10 - bit 垂直分辨率）；

（8）重复（2）～（7）步设置 ARB 波形的其他点。

注意：波形点的水平位置与设置频率有关，例如，如果设置频率为 1 kHz（周期＝1 ms），那么每点间隔 0.01 ms(1 ms/采样率)。

Point "0" 的垂直数值设置为＋511 时的显示如图 2.100 所示。

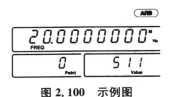

图 2.100 示例图

9　直流电压表

直流电压表用来测量电路中两个节点之间的直流电压。

9.1　面板

直流电压表的显示面板如图 2.101 所示。直流电压表的面板上有两个外接端子与电路相连接,在面板黑色显示屏中读取两个节点间的直流电压值。

图2.101　直流电压表显示面板

9.2　实验操作及注意事项

直流电压表的具体使用步骤如下:

(1) 单击直流电压表工具栏按钮,将其图标放置在实验台上,此时出现直流电压表显示屏;

(2) 将直流电压表两个外接端口与待测元器件并联。

使用直流电压表时的注意事项:

(1) 直流电压表两个外界端口要与待测元件并联;

(2) 直流电压表的正、负端口应与待测元件的正、负两端对应相连,否则直流电压表显示为负值;

(3) 如果在电路运行过程中,直流电压表的外接端口节点改变了,则需要重新运行电路以获取正确的结果值。

9.3　简单实例

搭建一个如图 2.102 所示的电路,其中 V_1 是交流电压源,有效值为 10 V,频率为 60 Hz,V_2 是直流电压源,幅值为 12 V,电阻 R_1 和 R_2 的阻值都为 1 kΩ。使用直流电压表 U_1 测量 R_1 两端电压的直流分量。

实验结果:直流电压表测量结果如图 2.103 所示,表示电阻 R_1 两端电压的直流分量为 6 V。

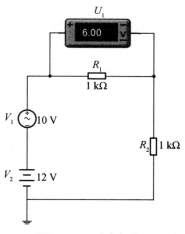

图 2.102　测试电路

图 2.103　实验结果

10　交流电压表

交流电压表用来测量电路中两个节点之间的交流电压,交流电压表显示的是交流有效值。

10.1　面板

交流电压表的显示面板如图 2.104 所示,交流电压表的面板上有两个外接端子与电路相连接,在面板黑色显示屏中读取两个节点间的交流电压值(有效值)。

图 2.104　交流电压表显示面板

10.2　实验操作及注意事项

交流电压表的具体使用步骤如下:

(1)单击交流电压表工具栏按钮,将其图标放置在实验台上,此时出现交流电压表显示屏;

(2)将交流电压表两个外接端口与待测元器件并联。

使用交流电压表时的注意事项:

(1)交流电压表两个外界端口要与待测元件并联;

(2)如果在电路运行过程中,交流电压表的外接端口节点改变了,则需要重新运行电路以获取正确的结果值。

10.3　简单实例

搭建一个如图 2.105 所示的电路,其中 V_1 是交流电压源,有效值为 10 V,频率为 100 Hz,V_2 是直流电压源,幅值为 12 V,电阻 R_1 和 R_2 的阻值都为 1 kΩ。使用交流电压表 U_1 测量 R_1 两端的交流分量。

实验结果:交流电压表测量结果如图 2.106 所示,表明电阻 R_1 两端交流电压有效值为 5 V。

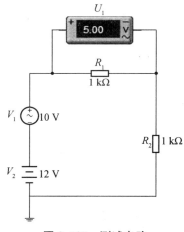

图 2.105　测试电路

11　直流电流表

直流电流表用来测量电路中某一支路的直流电流量。

图 2.106　实验结果

11.1　面板

直流电流表的显示面板如图 2.107 所示,直流电流表的面板上有两个外接端子与电路相连接,在面板黑色显示屏中读取电路中的直流电流值。

图 2.107　直流电流表显示面板

11.2　实验操作及注意事项

直流电流表的具体使用步骤如下:

(1) 单击直流电流表工具栏按钮,将其图标放置在实验台上,此时出现直流电流表显示屏;

(2) 将直流电流表串联到待测电路。

使用直流电流表时的注意事项:

(1) 直流电流表要串联到电路中;

(2) 直流电流表的正、负端口应与待测电路正、负两端对应相连,否则直流电流表显示为负值;

(3) 如果在电路运行过程中,直流电流表的外接端口节点改变了,则需要重新运行电路以获取正确的结果值。

11.3　简单实例

搭建一个如图 2.108 所示的电路,其中 V_2 是直流电压源,幅值为 12 V,V_1 是交流电压源,有效值为 10 V,频率为 60 Hz,电阻 R_1 和 R_2 的阻值都为 1 kΩ。

实验结果:直流电流表测量结果如图2.109所示,表明电路中电流的直流分量为 6 mA。

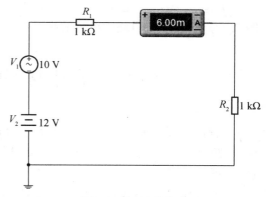

图 2.108　测试电路

图 2.109　实验结果

12　交流电流表

交流电流表用来测量电路中某一支路的交流电流值,其显示的是有效值。

12.1　面板

交流电流表的显示面板如图 2.110 所示,交流电流表的面板上有两个外接端子与电路相连接,在面板黑色显示屏中读取电路中的交流电流值(有效值)。

图 2.110　交流电流表显示面板

12.2　实验操作及注意事项

交流电流表的具体使用步骤如下：

(1) 单击交流电流表工具栏按钮,将其图标放置在实验台上,此时出现交流电流表显示屏；

(2) 将交流电流表串联到待测电路中。

使用交流电流表时的注意事项：

(1) 交流电流表要与待测电路串联；

(2) 如果在电路运行过程中,交流电流表的外接端口节点改变了,则需要重新运行电路以获取正确的结果值。

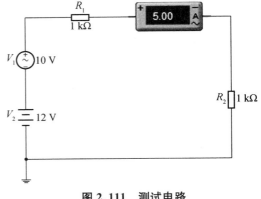

图 2.111　测试电路

12.3　简单实例

搭建一个如图 2.111 所示的电路,其中 V_1 是交流电压源,有效值为 10 V,频率为 60 Hz, V_2 是直流电压源,幅值为 12 V,电阻 R_1 和 R_2 的阻值都为 1 kΩ。

实验结果：交流电流表测量结果如图 2.112所示,表明电路中电流的交流有效值为 5 mA。

图 2.112　实验结果

13　胜利数字万用表 VC9802A$^+$

胜利万用表 VC9802A$^+$ 是一种数字万用表,该仪表可用来测量交直流电压、交直流电流、电阻、电容、二极管、三极管、通断测试等参数并且可以输出不同频率的方波信号,性能稳定,可靠性高。

目前提供的该款仪器暂且仅支持交直流电压、交直流电流和电阻等参数的测量功能,其他参数测量功能会在后续开发。

13.1　图标

图 2.113 为胜利万用表 VC9802A$^+$ 的图标。胜利万用表 VC9802A$^+$ 的图标中共有四个端子,分别为2/20A端口、mA端口、COM 端口和 V/Ω 端口,各端口分别用于测量大电流、小电流、接地端以及电压、电阻的测量。

图 2.113　胜利万用表 VC9802A$^+$

13.2　操作面板

双击胜利万用表 VC9802A$^+$ 图标,弹出万用表操作面板如图 2.114 所示。在面板显示屏上,可观察信号(或电阻)待测参数的结果值,并且通过旋转面板上功能旋钮选择想要测量的参数。

13.3　功能参数

胜利万用表 VC9802A$^+$ 操作面板上各功能参数及设置:

(1) 操作面板上的深绿色屏幕为测量结果显示屏,用于观察待测参数的测量结果(根据所选待测参数量程不同,测量结果的有效位不同);

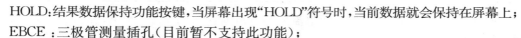

图 2.114　胜利万用表 VC9802A$^+$
操作面板

(2) 显示屏下方为不同的功能按键和提示灯:

POWER:仪器开关按键,用于启动或关闭仪器;

HOLD:结果数据保持功能按键,当屏幕出现"HOLD"符号时,当前数据就会保持在屏幕上;

EBCE:三极管测量插孔(目前暂不支持此功能);

＊:提示灯,功能旋钮每旋转一次,该提示灯闪烁一下。

(3) 操作面板中间表盘为测量参数选择区:

① 电阻测量:该仪器电阻值测量范围是 0.1 Ω～199.99 MΩ,分为 6 个量程,各量程及其分辨力见表 2.9。

表 2.9　电阻量程及其分辨力

量程	分辨力	误差
200 Ω	0.1 Ω	(0.005％～0.025％)
2 kΩ	1 Ω	(0.001％～0.025％)
20 kΩ	10 Ω	(0.005％～0.025％)
200 kΩ	100 Ω	(0.005％～0.025％)
2 MΩ	1 kΩ	(0.001％～0.025％)
200 MΩ	100 kΩ	(0.005％～0.025％)

② 直流电压测量:该仪器直流电压值测量范围是 0.1 mV～1 000 V,分为 5 个量程,各量程及其分辨力见表 2.10。

表 2.10　直流电压量程及其分辨力

量程	分辨力	误差
200 mV	100 μV	(0.005％～0.025％)
2 V	1 mV	(0.001％～0.025％)
20 V	10 mV	(0.005％～0.025％)
200 V	100 mV	(0.005％～0.025％)
1 000 V	1 V	(0.005％～0.025％)

③ 交流电压测量:该仪器交流电压值测量范围是 1 mV～1 000 V,分为 4 个量程,各量程及其分辨力见表 2.11。

表 2.11　交流电压量程及其分辨力

量程	分辨力	误差
1 000 V	1 V	(0.005%～0.025%)
200 V	100 mV	(0.005%～0.025%)
20 V	10 mV	(0.005%～0.025%)
2 V	1 mV	(0.001%～0.025%)

④ 交流电流测量:该仪器交流电流值测量范围是 200 mA～20 A,分为 3 个量程,各量程及其分辨力见表 2.12。

表 2.12　交流电流量程及其分辨力

量程	分辨力	误差
200 mA	100 μA	(0.005%～0.025%)
2 A	1 mA	(0.001%～0.025%)
20 A	10 mA	(0.005%～0.025%)

⑤ 直流电流测量:该仪器直流电流值测量范围是 0.01 μA～20 A,分为 7 个量程,各量程及其分辨力见表 2.13。

表 2.13　直流电流量程及其分辨力

量程	分辨力	误差
20 A	10 mA	(0.005%～0.025%)
2 A	1 mA	(0.001%～0.025%)
200 mA	100 μA	(0.005%～0.025%)
20 mA	10 μA	(0.005%～0.025%)
2 mA	1 μA	(0.001%～0.025%)
200 μA	0.1 μA	(0.005%～0.025%)
20 μA	0.01 μA	(0.005%～0.025%)

13.4　使用方法及注意事项

1) 电压测量

(1) 将负极连线接入"COM"端口,正极连线接入 V/Ω/Hz 端口;

(2) 将功能旋钮旋转至"DCV/ACV"量程上,如果待测电压大小未知,应选择最大量程,开启电路,逐步减小量程,直至获得分辨力最高的读数;

(3) 测量直流电压时,屏幕显示为待测点电压和极性(有负号,表明当前正负极间的电压为负)。

注意:

① 若屏幕显示为"OL",表明已超过量程范围,需将功能旋钮转至高一挡位;

② 测量电压不应超过 1 000 V 直流和交流,转换功能和量程时,需将外接端口与电路断开;

③ 此种端口连接方式下,若功能旋钮旋至"DCA/ACA"量程上,显示屏显示为 0.0 A (有效位位数根据量程不同而不同);若功能旋钮旋至电阻量程上,显示屏显示结果不准确 (因为电阻测量时需将待测电阻与电路断开)。

2) 电流测量

(1) 将负极连线接入"COM"端口,正极连线接入"mA"或"2/20 A"端口;

(2) 将功能旋钮旋至"DCA/ACA"量程上,如果待测电流大小未知,应选择最大量程, 开启电路,逐步减小量程,直至获得分辨力最高的读数;

(3) 测量直流电压时,屏幕显示为待测点电流和极性(有负号,表明当前正负极间的电流为负)。

注意:

① 若屏幕显示为"OL",表明已超过量程范围,需将功能旋钮转至高一挡位;

② 测量电流时,"mA"端口不应超过 200 mA,"2/20 A"端口不应超过 20 A,转换功能 和量程时,需将外接端口与电路断开;

③ 此种端口连接方式下,若功能旋钮旋至"DCV/ACV"量程或电阻量程上,显示屏显 示为 0.0 V 或 0.0 Ω(有效位位数根据量程不同而不同)。

3) 电阻测量

(1) 将负极连线接入"COM"端口,正极连线接入 V/Ω/Hz 端口;

(2) 将功能旋钮旋转至电阻量程上,如果待测电阻大小未知,应选择最大量程,再逐步 减小,直至获得分辨力最高的读数。

注意:

① 电阻量程屏幕初始显示为"OL";

② 若屏幕显示"OL",表明已超出量程范围,需将功能旋钮转至高一挡位;

③ 测量电阻时,需将待测电阻与电路断开;

④ 此种端口连接方式下,若功能旋钮旋至"DCV/ACV"量程或"DCA/ACA"量程上,显 示屏显示为 0.0V 或 0.0A(有效位位数根据量程不同而不同)。

4) 数据保持

按下"HOLD",屏幕出现"HOLD"符号,当前数据就会保持在屏幕上,再次按下此键, "HOLD"符号消失,恢复测量状态。

5) 电源开启

按下"POWER"按键,仪表开启电源,进入工作状态,再次按下此按键,仪表关闭电源。

14　电压探针

电压探针用于测量电路某个节点信号对地的实时电压值、电压峰-峰值、电压交流分 量、电压直流分量、电压均方根值以及信号的频率。

14.1　图标

图 2.115 为电压探针的图标。电压探针的图标中共有 1 个输入 端子,该端子与电路的某个节点相连接,默认测量该节点对地的电

图 2.115　电压探针图标

压信号。

14.2　操作面板

将电压探针放置在实验台上,可得到电压探针操作面板如图 2.116 所示。在面板上,可读取该节点电压信号对地的电压值、频率及交、直流电压值等。

图 2.116　操作面板

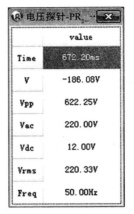

图 2.117　面板上的参数值

14.3　功能参数

(1) 空白框可显示各项参数的具体数值,如图 2.117 所示。

(2) 各项参数代表的意义见表 2.14。

表 2.14　电压探针面板上参数的意义

参数名	参数描述
Time	显示当前电路解算的实时时间
V	显示所测节点对地信号的实时电压值
V_{p-p}	显示所测节点对地信号的峰-峰值
V_{ac}	显示所测节点对地信号的交流分量
V_{dc}	显示所测节点对地信号的直流分量
V_{rms}	显示所测节点对地信号的有效值/均方根值
Freq	显示所测节点对地信号的频率

14.4　实验操作

电压探针的具体使用步骤如下:

(1) 单击电压探针工具栏按钮,将其图标放置在实验台上,连接其要测试的电路节点。

(2) 双击打开电压探针仪器,测试电路某节点信号的参数。

实验:搭建一个如图 2.118 所示的电路,测量节点 1 处对地的信号。其中 V_1 为交流电压源,有效值为 220 V,频率为 60 Hz;V_2 为直流电压源,电压值为 12 V。

实验结果：电压探针仪器测量结果如图 2.119 所示。

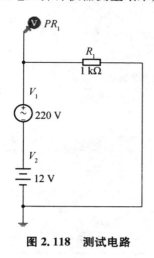

图 2.118　测试电路

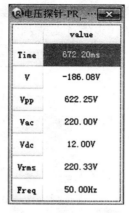

图 2.119　测量结果

15　差分电压探针

差分电压探针用于测量电路任意两个节点之间信号的实时电压值、电压峰-峰值、电压交流分量、电压直流分量、电压均方根值以及信号的频率。

15.1　图标

图 2.120 为差分电压探针的图标。差分电压探针的图标中共有两个端子，两个端子分别与电路的某个节点相连接，测量两个节点之间信号的一些参数。

图 2.120　差分电压探针图标

15.2　操作面板

将差分电压探针放置在实验台上，可得到差分电压探针操作面板如图 2.121 所示。在面板上，可读任意两个节点之间电压信号的电压值、频率及交、直流电压值等。

图 2.121　操作面板

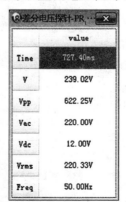

图 2.122　面板上的参数值

15.3 功能参数

（1）空白框可显示各项参数具体数值，如图 2.122。

（2）各项参数代表的意义见表 2.15。

表 2.15 差分电压探针面板上参数的意义

参数名	参数描述
Time	显示当前电路解算的实时时间
V	显示所测两个节点之间信号的实时电压值
V_{p-p}	显示所测两个节点之间信号的峰-峰值
V_{ac}	显示所测两个节点之间信号的交流分量
V_{dc}	显示所测两个节点之间信号的直流分量
V_{rms}	显示所测两个节点之间信号的有效值/均方根值
Freq	显示所测两个节点之间信号的频率

15.4 实验操作

差分电压探针的具体使用步骤如下：

（1）单击差分电压探针工具栏按钮，将其图标放置在实验台上，将其中一个探针头放在要测量的第一个节点上，将另一个探针头放在另一个节点上，即可测量这两个节点之间的信号参数。

（2）双击打开电压探针仪器，观察电路节点信号的参数。

实验：搭建一个如图 2.123 所示的电路，其中 V_1 为交流电压源，有效值为 220 V，频率为 60 Hz；V_2 为直流电压源，电压值为 12 V。

实验结果：差分电压探针仪器显示结果如图 2.124 所示。

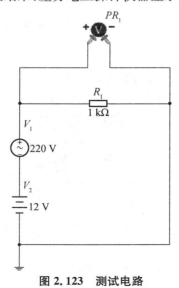

图 2.123 测试电路

图 2.124 仪器显示结果

16　电流探头

电流探头用来测量电路中某一支路的电流。

16.1　面板

电流探头的显示面板如图 2.125 所示。电流探头的面板上有两个外接端子与电路相连接,还有一个外接端子和示波器相连,可通过示波器观察电路支路中电流信号的波形。

图 2.125　电流探头显示面板

16.2　实验操作及注意事项

电流探头的具体使用步骤如下:

(1) 单击电流探头工具栏按钮,将其图标放置在实验台上,此时出现电流探头操作面板;

(2) 将电流探头正、负两端串联到待测电路中;

(3) 将电流探头的第三个端子连接到示波器上;

(4) 设置电流探头的电压、电流比值。

使用电流探头时的注意事项:

(1) 电流探头要串联到电路中;

(2) 电流探头的正、负端口应与待测电路正、负两端对应相连,否则电流值为负值;

(3) 如果在电路运行过程中,电流探头的外接端口节点改变了,则需要重新运行电路以获取正确的结果值。

16.3　简单实例

搭建一个如图 2.126 所示的电路,其中 V_1 是交流电压源,幅值为 1 V,频率为 1 000 Hz,电阻 R_1 的阻值为 1 kΩ,设置电流探头的比率为 1 V/mA。

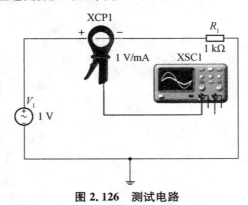

图 2.126　测试电路

实验结果:电流测量结果如图 2.127 所示。实际电路中的电流的幅值为 1 mA,电流值乘以电流探头比率即 1 V/mA 得到的电压幅值为 1 V,体现在示波器中就是电压值。

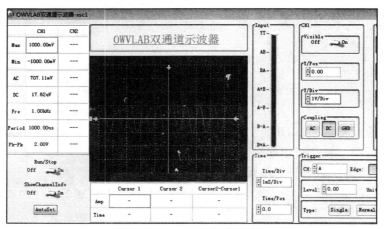

图 2.127　电流探头实验结果

第3篇　模电实验

实验1　二极管伏安特性的测量

1）实验目的

（1）了解二极管的主要参数；
（2）掌握二极管的伏安特性及测量方法；
（3）掌握示波器的使用方法。

2）实验器材

（1）交流电压源
（2）Ground
（3）普通电阻
（4）虚拟二极管
（5）电流探头
（6）泰克示波器 TBS1102

3）实验原理

半导体二极管的结构是一个 PN 结，具有单向导电性。描述二极管电压和电流的关系的曲线，叫做二极管的伏安特性曲线，如实图 1.1 所示。

由实图 1.1 可以看出，二极管的伏安特性可以分为三个部分：

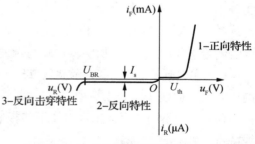

实图 1.1　二极管伏安特性曲线

（1）正向特性

图中 1 为正向特性，表示当外加正向电压时二极管的工作情况。当正向电压很小时，外电场不足以克服 PN 结内电场对多数载流子扩散运动的阻力，故正向电流很小，几乎为零，称为死区。当正向电压超过死区电压(U_{th})后，内电场被大大削弱，电流迅速增长，二极管导通。导通后二极管的端电压基本上是一个常量。

（2）反向特性

图中 2 为反向特性，表示当外加反向电压时二极管的工作情况。在反向电压的作用下，由于少数载流子的漂移运动，形成很小的反向电流。反向电流在一定范围内与反向电压的大小无关，通常称为反向饱和电流(I_s)。反向饱和电流越小，表明二极管性能越好。

（3）反向击穿特性

当反向电压增大到某一数值时，反向电流突然增大，这种现象称为击穿，此时的电压称为反向击穿电压（U_{BR}）。反向击穿特性如图中 3 所示。

实表 1.1　实验数据

反向击穿电压值	u_D 及 i_D 波形（YT 模式）	伏安特性曲线（XY 模式）	u_D 波形数据		
			周期	平均值	峰-峰值
$U_{BR}=1.0E+30\text{ V}$					
$U_{BR}=0.5\text{ V}$					

注：可以通过查看虚拟二极管的使用说明文档，了解二极管模型参数间的对应关系。

4）实验内容

实验任务：测量二极管的伏安特性曲线。

（1）按照实图 1.2 连接电路。其中 u_i 为交流电压源，设置其峰值为 1 V，频率为 1 kHz，其余参数采用默认值，设置电阻 $R=1\ \Omega$；

（2）采用电流探头测量流过二极管的电流，电流探头设置为 1 mV/mA；虚拟二极管的反向击穿电压 U_{BR} 按照实表 1.1 进行设置，其余参数采用默认值；采用泰克示波器测量二极管两端电压 u_D 和流过二极管两端的电流 i_D（注：测量电流时，将电流探头输出端与示波器相连）；

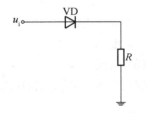

实图 1.2　二极管伏安特性测量电路

（3）单击运行，调节泰克示波器 TBS1102 的显示模式为 XY 模式，观察并记录二极管的伏安特性曲线于实表 1.1 中；

（4）比较不同的反向击穿电压下二极管伏安特性曲线的变化，总结二极管伏安特性曲线特点。

5）实验报告

（1）补充完整实表 1.1，记录二极管在不同的模型参数下伏安特性曲线的特点，说明模型参数对二极管伏安特性曲线的影响；

（2）改变二极管的反向饱和电流参数（如 $I_S=1$ mA），观察的 u_D 及 i_D 波形变化（选做），完成实验报告。

解答答案：

（1）实表 1.1 数据如下表，其中黄色为 u_D，绿色为 i_D。反向击穿电压值的改变影响了二极管的反向击穿特性，在理想二极管模型下，反向击穿电压很大，近乎不存在反向击穿特性。

反向击穿电压值	u_D及i_D波形（YT 模式）	伏安特性曲线（XY 模式）	u_D波形数据		
			周期	平均值	峰-峰值
$U_{BR}=1.0E+30$ V	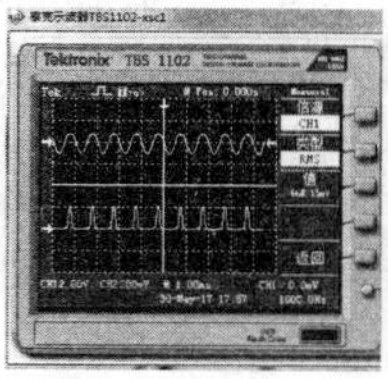	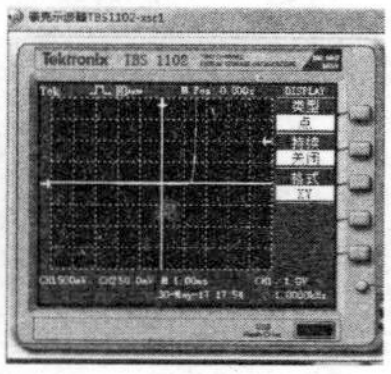	1.0 ms	-33.89 mV	1.79 V
$U_{BR}=0.5$ V	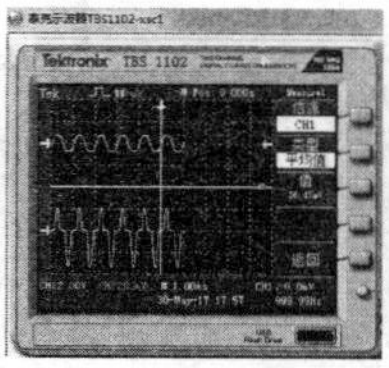	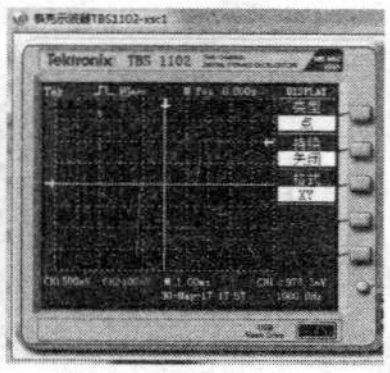	1.0 ms	38.47 mV	1.44 V

（2）当 $U_{BR}=0.5$ V 时，改变 $I_S=1$ mA，u_D 及 i_D 波形如下图，改变反向饱和电流，从一定程度上影响了二极管的反向特性。

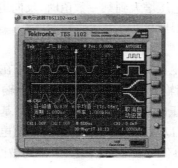

实验 2　二极管的应用——串联限幅电路

1）实验目的

（1）了解限幅电路的基本概念及类型；
（2）掌握二极管的伏安特性；
（3）掌握不同类型的二极管串联限幅电路的结构及限幅原理；
（4）掌握示波器的使用方法。

2）实验器材

（1）直流电压源
（2）交流电压源
（3）Ground
（4）普通电阻

　　（5）普通二极管 1N4007

　　（6）泰克示波器 TBS1102

3）实验原理

　　（1）二极管的伏安特性

　　二极管具有单向导电性，其伏安特性如实图 2.1 所示。

　　由实图 2.1 可以看出，二极管的伏安特性可以分为三个部分：

　　① 正向特性：表示当外加正向电压时二极管的工作情况，导通后二极管的端电压基本上是一个常量；

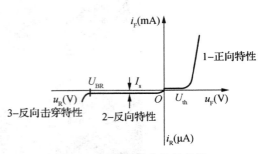

实图 2.1　二极管伏安特性曲线

　　② 反向特性：表示当外加反向电压时二极管的工作情况，反向饱和电流越小，表明二极管性能越好；

　　③ 反向击穿特性：当反向电压增大到某一数值时，反向电流突然增大，这种现象称为击穿，此时的电压称为反向击穿电压（U_{BR}）。

　　（2）限幅电路

　　限幅电路是一种波形变换电路，其特点为：当输入电压在一定范围内变化时，输出电压随输入电压的变化而变化；而当输入电压超出一定范围时，输出电压维持不变。

　　利用二极管的单向导电和正向导通后其正向导通压降基本恒定的特性，可将输出信号电压幅值限制在一定的范围内，从而构成限幅电路。限幅电路分为上限幅（波形上部被削去）、下限幅（波形下部被削去）和双向限幅（波形上、下部均被削去）三种类型。根据二极管与负载的连接方式，限幅电路又可分为并联限幅电路和串联限幅电路。当二极管串联在输入与输出之间，称为串联限幅电路。常见的串联限幅电路及输入为正弦信号时输出波形如实表 2.1 所示。

实表 2.1　二极管串联限幅电路

	限幅类型	电路结构	输入为正弦波时 输出波形	限幅原理 （忽略二极管管压降）
串联限幅电路	上限幅			当 $u_i > E$ 时，VD 截止，电路对输入信号限幅，$u_o = E$； 当 $u_i < E$ 时，VD 导通，$u_o = u_i$
	下限幅			当 $u_i > -E$ 时，VD 导通，$u_o = u_i$； 当 $u_i < -E$ 时，VD 截止，电路对输入信号限幅，$u_o = -E$

(续实表 2.1)

限幅类型	电路结构	输入为正弦波时输出波形	限幅原理（忽略二极管管压降）
串联限幅电路 双向限幅	（电路图：VD_1、VD_2、R_1、R_2、E_1、E_2、u_i、u_o）	（波形图）	当 $u_i > E_1$ 时，VD_1 截止，VD_2 导通，$u_o = (E_1 - E_2)/2$； 当 $-E_2 < u_i < E_1$ 时，VD_1 及 VD_2 均导通，$u_o = u_i$； 当 $u_i < -E_2$ 时，VD_1 导通，VD_2 截止，$u_o = -E_2$

4）实验内容

实验任务：设计二极管串联限幅电路，观察并记录不同类型的串联限幅电路的特点。

（1）上限幅测量实验

① 按照实表 2.1 中的上限幅电路原理图搭建实验电路，设置交流电压源 u_i 峰值为 10 V，频率为 1 kHz，其余参数采用默认值；设置直流电压源 E 幅值为 5 V；电阻 R 阻值为 1 kΩ；二极管型号选择 1N4007；

② 运行实验，采用泰克示波器 TBS1102 观察输入和输出波形，测量限幅电压值记录于实表 2.2 中，并将结果与理论值相比较，说明误差原因。

（2）下限幅测量实验

① 在交流电压源 u_i、电阻 R 等元件参数不变的情况下，将二极管 VD 及直流电压源 E 均反接，构成下限幅串联限幅电路，如实表 2.1 中的下限幅电路原理图；

② 运行实验，采用泰克示波器 TBS1102 观察输入和输出波形，测量限幅电压值记录于实表 2.2 中，并将结果与理论值相比较，说明误差原因。

（3）双向限幅测量实验

① 按照实表 2.1 中的双向限幅电路原理图搭建实验电路，设置直流电压源 E_1 为 8 V，E_2 为 2 V；电阻 $R_2 = 1$ kΩ；其余元件参数不变；

② 运行实验，采用泰克示波器 TBS1102 观察输入和输出波形，测量限幅电压值记录于实表 2.2 中，并将结果与理论值相比较，说明误差原因。

实表 2.2　二极管串联限幅电路

项　目		上限幅电路	下限幅电路	双向限幅电路	
u_i 及 u_o 波形					
限幅电压 U_o（V）				上限值	下限值
	测量值				
	理论计算				
	误差				

5) 实 验 报 告

(1) 阐述限幅电路的基本概念及类型;

(2) 阐述不同类型的串联限幅电路的电路结构及限幅原理;

(3) 补充完整实表 2.2,总结串联限幅电路的特点,并将测量结果与理论结果相比较,分析误差原因,完成实验报告。

解答答案:

(1)～(2) 详见实验原理部分。

(3) 实表 2.2 数据如下表,其中黄色为 u_i,绿色为 u_o,限幅值出现误差的原因是因为二极管在导通时,存在导通压降。

项　目		上限幅电路	下限幅电路	双向限幅电路	
u_i 及 u_o 波形					
限幅电压 U_o（V）				上限值	下限值
	测量值	5.36	-5.37	3.11	-2.42
	理论计算	5	-5	3	-2
	误差	7.2%	7.4%	3.67%	21%

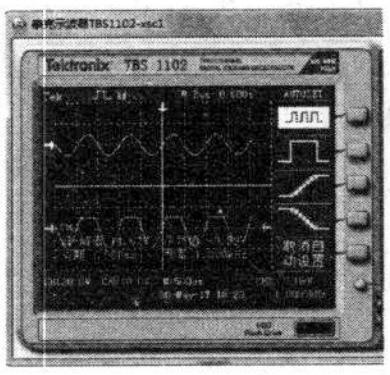

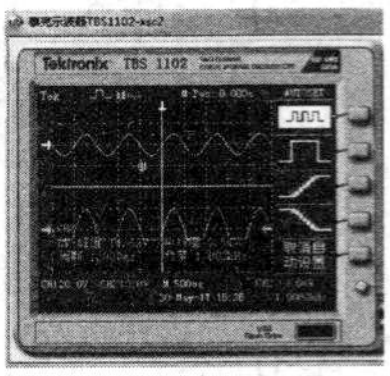

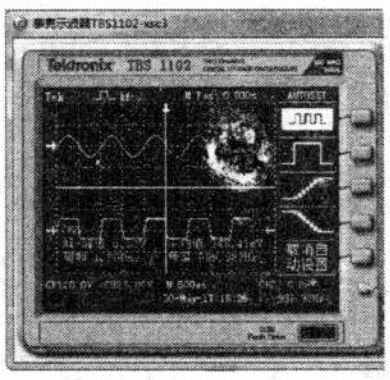

实验 3　二极管的应用——并联限幅电路

1) 实 验 目 的

(1) 掌握二极管的伏安特性;

(2) 掌握限幅电路的基本概念及类型;

(3) 掌握二极管并联限幅电路的不同形式及限幅原理;

(4) 掌握示波器的使用方法。

2) 实 验 器 材

(1) 直流电压源

(2) 交流电压源

(3) Ground

(4) 普通电阻

(5) 普通二极管 1N4001

(6) 泰克示波器 TBS1102

3）实验原理

（1）二极管的伏安特性

二极管具有单向导电性,其伏安特性如实图 3.1 所示。

由实图 3.1 可以看出,二极管的伏安特性可以分为三个部分:

① 正向特性:表示当外加正向电压时二极管的工作情况,导通后二极管的端电压基本上是一个常量;

② 反向特性:表示当外加反向电压时二极管的工作情况,反向饱和电流越小,表明二极管性能越好;

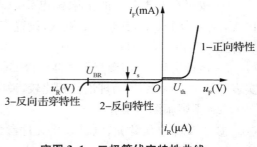

实图 3.1 二极管伏安特性曲线

③ 反向击穿特性:当反向电压增大到某一数值时,反向电流突然增大,这种现象称为击穿,此时的电压称为反向击穿电压(U_{BR})。

（2）限幅电路

限幅电路是一种波形变换电路,其特点为:当输入电压在一定范围内变化时,输出电压随输入电压的变化而变化;而当输入电压超出一定范围时,输出电压维持不变。

利用二极管的单向导电和正向导通后其正向导通压降基本恒定的特性,可将输出信号电压幅值限制在一定的范围内,从而构成限幅电路。限幅电路分为上限幅(波形上部被削去)、下限幅(波形下部被削去)和双向限幅(波形上、下部均被削去)三种类型。根据二极管与负载的连接方式,限幅电路又可分为并联限幅电路和串联限幅电路。当二极管并联在输入与输出之间,称之为并联限幅电路。常见的并联限幅电路及输入为正弦信号时输出波形如实表 3.1 所示。

实表 3.1 二极管并联限幅电路

	限幅类型	电路结构	输入为正弦波时输出波形	限幅原理（忽略二极管管压降）
并联限幅电路	上限幅			当 $u_i > E$ 时,VD 导通,$u_o = E$; 当 $u_i < E$ 时,VD 截止,$u_o = u_i$
	下限幅			当 $u_i > -E$ 时,VD 截止,$u_o = u_i$; 当 $u_i < -E$ 时,VD 导通,$u_o = -E$
	双向限幅			当 $u_i > E_1$ 时,VD_1 导通,VD_2 截止,$u_o = E_1$; 当 $-E_2 < u_i < E_1$ 时,VD_1 及 VD_2 均截止,$u_o = u_i$; 当 $u_i < -E_2$ 时,VD_1 截止,VD_2 导通,$u_o = -E_2$

4）实验内容

实验任务：设计二极管并联限幅电路，观察并记录不同类型的并联限幅电路的特点。

（1）上限幅测量实验

① 按照实表 3.1 中的上限幅电路原理图搭建实验电路，设置交流电压源 u_i 峰值为 10 V，频率为 1 kHz，其余参数默认；设置直流电压源 E 幅值为 5 V；电阻 R 阻值为 1 kΩ；二极管型号选择 1N4001；

② 运行实验，采用泰克示波器 TBS1102 观察输入和输出波形，测量限幅电压值记录于实表 3.2 中，并将结果与理论值相比较，说明误差原因。

（2）下限幅测量实验

① 在交流电压源 u_i、电阻 R 等元件参数不变的情况下，将二极管 VD 及直流电压源 E 均反接，构成下限幅并联限幅电路，如实表 3.1 中的下限幅电路原理图；

② 运行实验，采用泰克示波器 TBS1102 观察输入和输出波形，测量限幅电压值记录于实表 3.2 中，并将结果与理论值相比较，说明误差原因。

（3）双向限幅测量实验

① 按照实表 3.1 中的双向限幅电路原理图搭建实验电路，设置直流电压源 E_1 为 5 V，E_2 为 2 V；电阻 $R_2 = 1$ kΩ；其余元件参数不变；

② 运行实验，采用泰克示波器 TBS1102 观察输入和输出波形，测量限幅电压值记录于实表 3.2 中，并将结果与理论值相比较，说明误差原因。

实表 3.2　二极管并联限幅电路

项　目		上限幅电路	下限幅电路	双向限幅电路	
u_i 及 u_o 波形					
				上限值	下限值
限幅电压 U_o（V）	测量值				
	理论计算				
	误差				

5）实验报告

（1）阐述限幅电路的基本概念及类型；

（2）阐述不同类型的并联限幅电路的电路结构及限幅原理；

（3）补充完整实表 3.2，总结并联限幅电路的特点，并将测量结果与理论结果相比较，分析误差原因，完成实验报告。

解答答案：

（1）～（2）详见实验原理部分。

（3）实表 3.2 数据如下表，其中黄色为 u_i，绿色为 u_o。限幅值出现误差的原因是因为二

极管在导通时,存在导通压降。

项　目		上限幅电路	下限幅电路	双向限幅电路	
u_i 及 u_o 波形		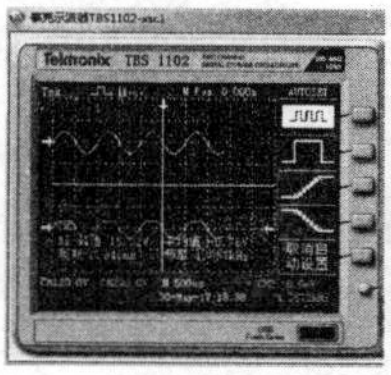	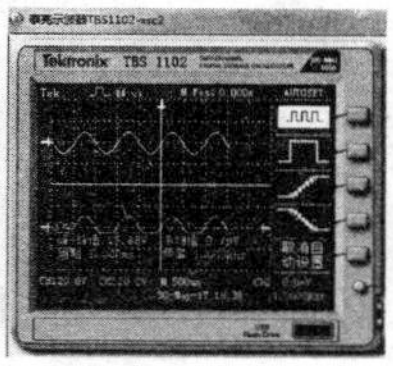	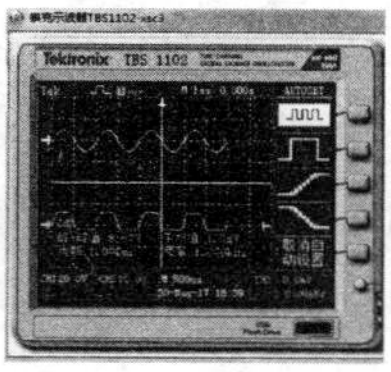	
限幅电压 U_o (V)				上限值	下限值
	测量值	5.61	−5.61	6.07	−2.6
	理论计算	5	−5	5	−2
	误差	12.2%	12.2%	21.4%	30%

实验 4　二极管的应用——半波整流电路

1）实验目的

（1）掌握二极管的伏安特性；
（2）掌握整流电路的作用；
（3）掌握二极管半波整流电路的结构及特点；
（4）掌握示波器的使用方法。

2）实验器材

（1）交流电压源
（2）Ground
（3）普通电阻
（4）普通二极管 1N4001
（5）交流电压表
（6）泰克示波器

3）实验原理

（1）二极管的伏安特性

二极管具有单向导电性,其伏安特性如实图 4.1 所示。

由实图 4.1 可以看出,二极管的伏安特性可以分为三个部分：

① 正向特性：表示当外加正向电压时二

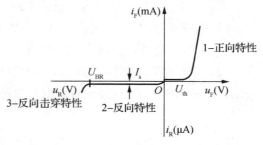

实图 4.1　二极管伏安特性曲线

极管的工作情况,导通后二极管的端电压基本上是一个常量;

②　反向特性:表示当外加反向电压时二极管的工作情况,反向饱和电流越小,表明二极管性能越好;

③　反向击穿特性:当反向电压增大到某一数值时,反向电流突然增大,这种现象称为击穿,此时的电压称为反向击穿电压(U_{BR})。

(2)　半波整流电路

整流电路的功能是将交流电压转换为直流电压。实图 4.2(a)为二极管半波整流电路,实图4.2(b)为正弦信号输入情况下电阻两端的电压波形(二极管的输出电压波形)。

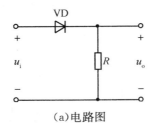

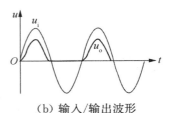

（a）电路图　　　　　　　　　（b）输入/输出波形

实图 4.2　二极管半波整流电路及输入为正弦信号时输入与输出波形

从实图 4.2(b)中可以看出,二极管输入端是一个完整的正弦波,而输出端没有电压波形的负半周,只有一个方向不变的波动电压(电压极性没有变化),这种电压称为脉动电压。

根据二极管的单向导电性,在输入电压处于交流电压正半周时,二极管导通,输出电压$u_o = u_i - U_d$(其中 U_d 为二极管的管压降);输入电压处于负半周时,二极管截止,输出电压$u_o = 0$。

设输入交流电压源表达式为:$u_i = U_m \sin(\omega t)$,忽略二极管管压降后,半波整流电路输出脉动电压的平均值为:

$$U_{oa} = \frac{1}{T} \int_0^{\frac{T}{2}} U_m \sin(\omega t) \mathrm{d}t = 2\frac{U_m}{T\omega} = 0.45 U_{rms}$$

式中:U_m 为二极管输出电压的最大值,$U_m = \sqrt{2} U_{rms}$。

4) 实验内容

实验任务:实图 4.2(a)为二极管半波整流电路,研究二极管半波整流电路的电路特点。

(1)　按照实图 4.2(a)搭建电路。设置交流电压源 u_i 峰值为 10 V,频率为 $f = 1$ kHz;电阻 $R = 1$ kΩ;二极管型号选择 1N4001;

(2)　运行实验,采用泰克示波器 TBS1102 观察 u_i 及 u_o 波形,并采用交流电压表分别测量输入及输出电压值,记录相应数据及波形于实表 4.1 中,补充完整实表 4.1。

实表 4.1　实验波形及数据

半波整流电路		
u_i 及 u_o 波形		
输入电压 U_{rms}(V)		
输出电压 U_{oa} (V)	测量值	
	理论计算	
	误差	

5) 实验报告

（1）阐明半波整流电路的电路结构及整流原理；

（2）补充完整实表 4.1，总结半波整流电路特点，阐述理论计算过程，分析误差原因，完成实验报告。

解答答案：

（1）详见实验原理部分。

（2）实表 4.1 数据如下表，其中黄色为 u_i，绿色为 u_o，出现误差的原因是因为二极管在导通时存在导通压降。

半波整流电路		
u_i 及 u_o 波形		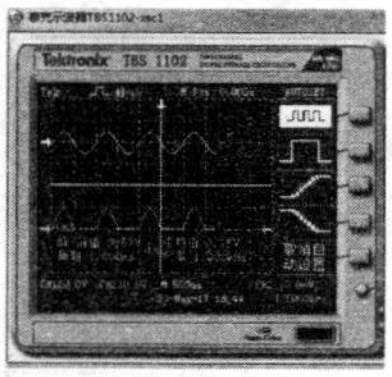
输入电压 U_{rms}(V)		6.94
输出电压 U_{oa} (V)	测量值	3.56
	理论计算	3.123
	误差	14%

实验 5　二极管的应用——全波整流电路

1) 实验目的

（1）掌握二极管的伏安特性；

（2）掌握整流电路的作用；

（3）掌握二极管全波整流电路的结构及特点；

（4）掌握示波器的使用方法。

2）实验器材

（1）交流电压源

（2）Ground

（3）普通电阻

（4）普通二极管 1BH62

（5）泰克示波器 TBS1102

3）实验原理

（1）二极管的伏安特性

二极管具有单向导电性，其伏安特性如实图 5.1 所示。

由实图 5.1 可以看出，二极管的伏安特性可以分为三个部分：

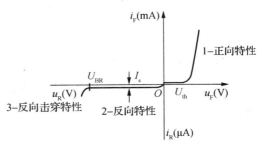

实图 5.1　二极管伏安特性曲线

① 正向特性：表示当外加正向电压时二极管的工作情况，导通后二极管的端电压基本上是一个常量；

② 反向特性：表示当外加反向电压时二极管的工作情况，反向饱和电流越小，表明二极管性能越好；

③ 反向击穿特性：当反向电压增大到某一数值时，反向电流突然增大，这种现象称为击穿，此时的电压称为反向击穿电压（U_{BR}）。

（2）全波整流电路

整流电路的功能是将交流电压转换为直流电压。二极管全波整流电路如实图 5.2（a）所示，实图 5.2（b）是输入为正弦信号时电路的输入及输出波形。

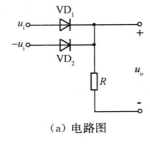
（a）电路图

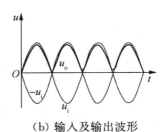
（b）输入及输出波形

实图 5.2　二极管全波整流电路及输入为正弦信号时输入与输出波形

从图中可以看出，当输入电压处于交流电压的正半周时，二极管 VD_1 导通，输出电压 $u_o = u_i - U_{d1}$（其中 U_{d1} 为 VD_1 管的管压降）；当输入电压处于交流电压的负半周时，二极管 VD_2 导通，输出电压 $u_o = u_i - U_{d2}$（其中：U_{d2} 为 VD_2 管的管压降）。全波整流电路的输出显然是一个方向不变的脉动电压，且脉动频率是输入信号频率的两倍。

设输入正弦信号的表达式为 $u_i = U_m \sin(\omega t)$，忽略二极管管压降后，全波整流电路输出脉动电压的平均值为：

$$U_{\mathrm{oa}} = \frac{2}{T} \int_0^{\frac{T}{2}} U_{\mathrm{m}} \sin(\omega t) \mathrm{d}t = 4\frac{U_{\mathrm{m}}}{T\omega} = 0.9U_{\mathrm{rms}}$$

式中：U_{m} 为二极管输出电压的最大值，$U_{\mathrm{m}} = \sqrt{2} U_{\mathrm{rms}}$。

4）实验内容

实验任务：实图 5.2(a) 为二极管全波整流电路，研究二极管全波整流电路的电路特点。

（1）按照实图 5.2(a) 搭建电路。设置交流电压源 u_{i} 峰值为 10 V，频率为 $f=1$ kHz，其余参数采用默认值（注：$-u_{\mathrm{i}}$ 信号源采用将交流电压源 u_{i} 正端接地，负端输出的方式实现）；电阻 $R=1$ kΩ；二极管型号选择 1BH62；

（2）运行实验，采用泰克示波器 TBS1102 观察 u_{i} 及 u_{o} 波形，分别测量输入及输出电压值，记录相应数据及波形于实表 5.1 中，补充完整实表 5.1。

实表 5.1　实验波形及数据

全波整流电路		
u_{i} 及 u_{o} 波形		
输入电压 U_{rms}（V）		
输出电压 U_{oa}（V）	测量值	
	理论计算	
	误差	

5）实验报告

（1）阐明全波整流电路的电路结构及整流原理；

（2）补充完整实表 5.1，总结全波整流电路特点，阐述理论计算过程，分析误差原因，完成实验报告。

解答答案：

（1）详见实验原理部分。

（2）实表 5.1 数据如下表，其中黄色为 u_{i}，绿色为 u_{o}，出现误差的原因是因为二极管在导通时，存在导通压降。

全波整流电路	
u_{i} 及 u_{o} 波形	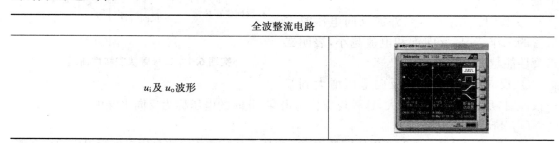

输入电压 U_{rms}(V)		7.07
输出电压 U_{oa} （V）	测量值	6.42
	理论计算	6.36
	误差	0.9%

实验 6　二极管的应用——桥式整流电路

1）实验目的

（1）掌握二极管的伏安特性；

（2）掌握整流电路的基本作用；

（3）掌握二极管桥式整流电路组成结构及特点；

（4）掌握示波器的使用方法。

2）实验器材

（1）Ground

（2）交流电压源

（3）普通电阻

（4）整流桥 1B4B42

（5）泰克示波器 TBS1102

3）实验原理

（1）二极管的伏安特性

二极管具有单向导电性,其伏安特性如实图 6.1 所示。

由实图 6.1 可以看出,二极管的伏安特性可以分为三个部分：

① 正向特性：表示当外加正向电压时二极管的工作情况,导通后二极管的端电压基本上是一个常量；

② 反向特性：表示当外加反向电压时二极管的工作情况,反向饱和电流越小,表明二极管性能越好；

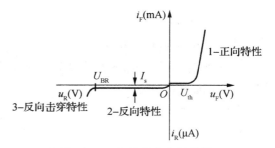

实图 6.1　二极管伏安特性曲线

③ 反向击穿特性：当反向电压增大到某一数值时,反向电流突然增大,这种现象称为击穿,此时的电压称为反向击穿电压（U_{BR}）。

（2）桥式整流电路

整流电路的功能是将交流电压转换为直流电压。桥式整流电路是用二极管组成的一个整流电桥,如实图 6.2(a)所示。实图 6.2(b)给出输入为正弦信号时电路的输入及输出波形。

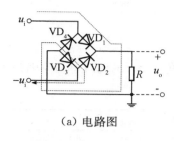

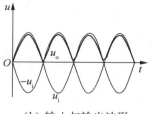

（a）电路图　　　　　　　　　　　　（b）输入与输出波形

实图 6.2　二极管桥式整流电路

从图中可以看出,当输入电压处于交流电压的正半周时,VD_1 管、负载 R、VD_3 管构成一个回路(实图 6.2(a)虚线所示),输出电压 $u_o = u_i - U_{d1} - U_{d3}$;当输入电压处于交流电压的负半周时,$VD_2$ 管、负载 R、VD_4 管构成一个回路,输出电压 $u_o = u_i - U_{d2} - U_{d4}$。显然桥式整流电路的输出是一个方向不变的直流脉动电压,且脉动频率是输入信号频率的两倍。

设输入正弦信号的表达式为:$u_i = U_m \sin(\omega t)$,忽略二极管管压降后,桥式整流电路输出脉动电压的平均值为:

$$U_{oa} = \frac{2}{T} \int_0^{\frac{T}{2}} U_m \sin(\omega t) \mathrm{d}t = 4\frac{U_m}{T\omega} = 0.9 U_{rms}$$

式中:U_m 为二极管输出电压的最大值,$U_m = \sqrt{2} U_{rms}$。

4）实验内容

实验任务:实图 6.2(a)为二极管桥式整流电路,研究二极管桥式整流电路的特点。

（1）按照实图 6.2(a)搭建电路。设置交流电压源 u_i 峰值为 10 V,频率为 $f = 1$ kHz,其余参数采用默认值(注:$-u_i$ 信号源采用将交流电压源 u_i 正端接地,负端输出的方式实现);电阻 $R = 1$ kΩ;整流桥型号选择 1B4B42;

（2）运行实验,采用泰克示波器 TBS1102 观察 u_i 及 u_o 波形,分别测量输入及输出电压值,记录相应数据及波形于实表 6.1 中,补充完整实表 6.1。

实表 6.1　实验波形及数据

桥式整流电路			
u_i 及 u_o 波形			
输入电压 U_{rms}(V)			
输出电压 U_{oa} （V）	测量值		
	理论计算		
	误差		

5）实验报告

（1）阐述二极管桥式整流电路的基本结构及原理;

（2）补充完整实表 6.1,总结桥式整流电路特点,阐述理论计算过程,分析误差原因,完成实验报告。

解答答案：

（1）详见实验原理部分。

（2）实表 6.1 数据如下表,其中黄色为 u_i,绿色为 u_o,出现误差的原因是因为二极管在导通时存在导通压降。

桥式整流电路	
u_i 及 u_o 波形	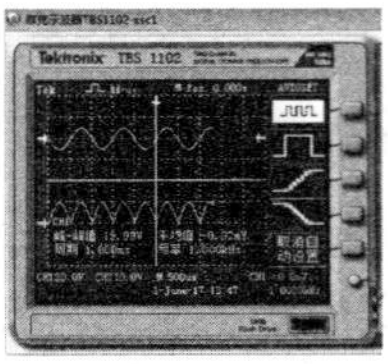
输入电压 U_{rms}(V)	7.07

输出电压 U_{oa} (V)		
	测量值	6.59
	理论计算	6.36
	误差	3.6%

实验 7　稳压二极管的特性研究

1）实验目的

（1）了解稳压二极管的主要参数；

（2）掌握稳压二极管的伏安特性；

（3）掌握双通道示波器的使用方法。

2）实验器材

（1）交流电压源

（2）Ground

（3）普通电阻

（4）虚拟稳压二极管

（5）电流探头

（6）双通道示波器

3）实验原理

（1）稳压二极管的伏安特性

稳压二极管的伏安特性如实图 7.1(a)所示。其正向特性为指数曲线,当稳压管外加反向电压的数值大到一定程度时则击穿,击穿区的曲线很陡,几乎平行于纵轴,表现为稳压特性,即稳压二极管工作在反向击穿状态。只要控制反向电流不超过一定值,管子就不会因过热而损坏。稳压管的符号及等效电路如实图 7.1(b)所示。

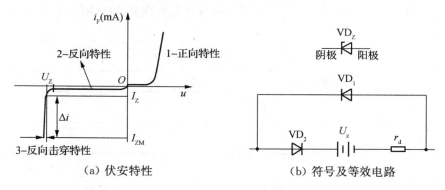

（a）伏安特性　　　　　　　　　（b）符号及等效电路

实图 7.1　稳压管伏安特性曲线及等效电路

在等效电路中，二极管 VD_1 表示稳压管加正向电压与虽加反向电压但未击穿时的情况，理想二极管 VD_2、电压源 U_z 和电阻 r_d 的串联支路表示稳压管反向击穿时的等效电路。

（2）稳压管的主要参数

① 稳定电压 U_z：U_z 是在规定电流下稳压管的反向击穿电压。

② 稳定电流 I_z：I_z 是稳压管正常工作时的参考电流值，电流低于此值时稳压效果变坏，甚至根本不稳压，故常将 I_z 记作 I_{Zmin}。

③ 动态电阻 r_d：$r_d = \dfrac{\Delta U_z}{\Delta I_z}$，表示 VD_Z 在击穿区内的动态电阻。VD_Z 的反向击穿特性越陡，即 ΔU_z 越小，r_d 越小，稳压特性越好。

④ 额定功耗 P_{ZM}：$P_{ZM} = I_{Zmax} U_z$，即额定功耗等于稳压管的稳定电压与最大稳定电流 I_{Zmax} 的乘积。稳压管的功耗超过此值时，会因结的温升过高而损坏。只要不超过稳压管的额定功率，电流越大，稳压效果越好。

⑤ 限流电阻 R：由于稳压管的反向电流小于 I_{Zmin} 时不稳压，大于 I_{Zmax} 时会因为超过额定功率而损坏，所以在稳压管电路中必须串联一个电阻来限制电流，从而保证稳压管正常工作，故称该电阻为限流电阻（见实图 7.2）。只有在 R 取值合适时，稳压管才能安全地工作在稳压状态。

实图 7.2　稳压管稳压电路

4）实验内容

实验任务：实图 7.2 为稳压管稳压电路，测量稳压二极管的伏安特性。

（1）按照实图 7.2 搭建电路。设置输入信号为交流电压源，峰值为 50 V，频率为 1 kHz，其余参数采用默认值；限流电阻 $R = 1\ \Omega$，电阻 $R_L = 1\ \Omega$；

（2）采用电流探头测量通过虚拟稳压二极管的电流，设置电流探头为 1 mV/mA；虚拟稳压二极管的反向击穿电压 U_{BR} 按照实表 7.1 进行设置，其余参数采用默认值；采用双通道示波器测量稳压二极管两端电压和流过稳压管两端的电流（注：测量电流时，将电流探头输出端与示波器相连）；

（3）单击运行，通过双通道示波器观察稳压二极管两端电压及流过稳压管的电流波形，

调节合适的显示模式,观察并记录稳压二极管的伏安特性曲线于实表7.1中;

（4）比较不同的反向击穿电压下,稳压二极管伏安特性曲线的变化,总结稳压二极管伏安特性曲线特点。

实表 7.1　实验波形及数据

反向击穿电压	电压及电流波形	伏安特性曲线	曲线特点
$U_{BR}=5\ V$			
$U_{BR}=10\ V$			

5）实验报告

（1）观察并记录稳压管的伏安特性;

（2）阐述不同击穿电压下的稳压管的伏安特性曲线的区别,完成实验报告。

解答答案:

（1）实表 7.1 数据如下表,其中黄色为电压波形,绿色为电流波形。

反向击穿电压	电压及电流波形	伏安特性曲线	曲线特点
$U_{BR}=5\ V$	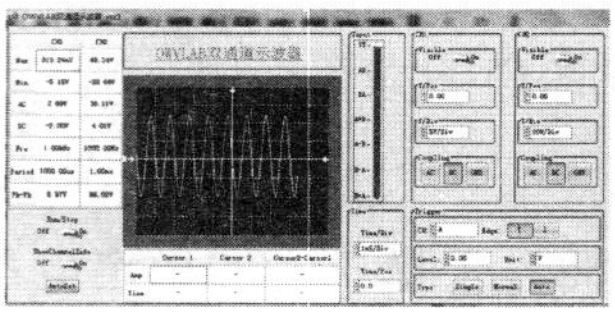	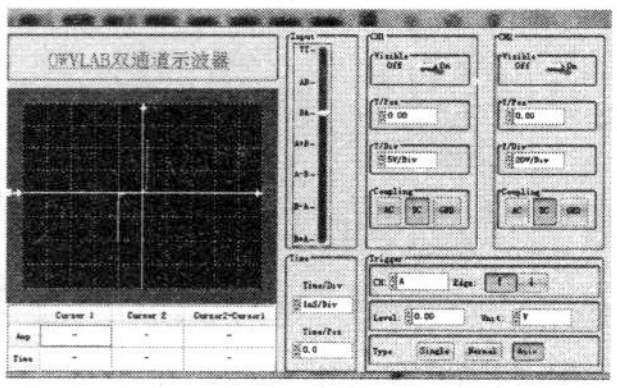	
$U_{BR}=10\ V$	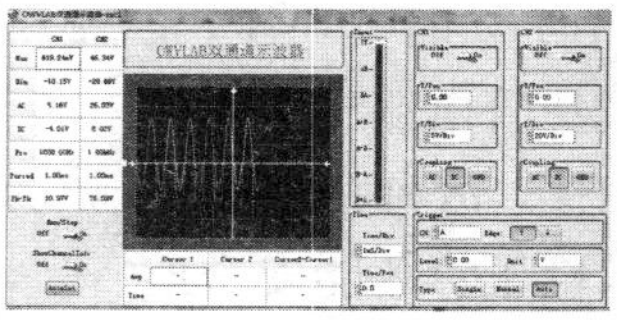	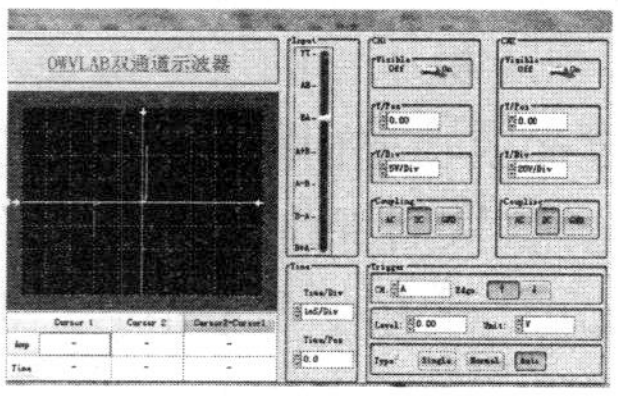	

（2）通过伏安特性曲线可以看到,反向击穿电压值增大后,反向特性曲线部分左移。

实验 8　稳压二极管的应用——双向限幅电路

1）实验目的

（1）掌握稳压二极管的稳压应用电路；
（2）掌握稳压二极管的伏安特性。

2）实验器材

（1）交流电压源
（2）Ground
（3）普通电阻
（4）虚拟稳压二极管
（5）双通道示波器

3）实验原理

（1）稳压二极管的伏安特性

稳压二极管的伏安特性与普通二极管类似，如实图 8.1 所示。其正向特性为指数曲线，当稳压管外加反向电压的数值大到一定程度时则击穿，击穿区的曲线很陡，几乎平行于纵轴，表现为稳压特性。只要控制反向电流不超过一定值，管子就不会因过热而损坏。

（2）稳压管双向限幅电路

典型的稳压管双向限幅电路如实图 8.2(a) 所示，实图8.2(b)为正弦信号输入时输入及输出波形（忽略稳压管的管压降）。其中 VD_1 管的稳定电压为 U_{Z1}，VD_2 管的稳定电压为 U_{Z2}。

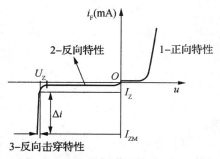

实图 8.1　稳压管伏安特性曲线

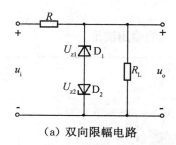

（a）双向限幅电路

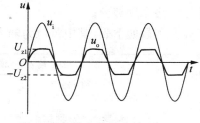

（b）输入及输出波形

实图 8.2　稳压二极管双向限幅电路及输入为正弦信号时输入与输出波形

设 $k=\dfrac{R_L}{R+R_L}$，当考虑稳压管 VD_1 及 VD_2 的管压降（分别对应 U_{d1} 和 U_{d2}）时，稳压管双向限幅输出满足：

当 $ku_i>U_{Z1}$ 时，VD_1 反向击穿，VD_2 正向导通，$u_o=U_{Z1}+U_{d2}$；

当 $-U_{Z2}<ku_i<U_{Z1}$ 时，VD_1、VD_2 均反向截止，$u_o=ku_i$；

当 $ku_i<-U_{Z2}$ 时，VD_1 正向导通，VD_2 反向击穿，$u_o=-(U_{Z2}+U_{d1})$。

4）实验内容

实验任务：实图 8.2(a) 为稳压管双向限幅电路，研究稳压管双向限幅电路的特点，阐述稳压管在双向限幅电路中的作用。

（1）按照实图 8.2(a) 搭建实验电路。设置交流电压源 u_i 峰值为 20 V，频率为 1 kHz，其余参数采用默认值；设置电阻 $R=1$ Ω，电阻 R_L 的阻值按照实表 8.1 进行设置；设置虚拟稳压二极管 VD_1 及 VD_2 反向击穿电压均为 5 V，其余参数采用默认值；

（2）单击运行，采用双通道示波器观察输入 u_i 和输出 u_o 的波形，调节合适的显示模式，观察 u_i 和 u_o 之间的关系，观察并记录相应数据及波形于实表 8.1 中；

（3）补充完整实表 8.1，阐述稳压管双向限幅原理，总结稳压管限幅电路的电路特点。

实表 8.1　实验数据及波形

负载电阻值	输入 u_i 和输出 u_o 的波形		波形数据
	Y/T 模式	u_o/u_i 模式	
$R_L=1$ Ω			$k=$ _____ 输出最大值：_____ V 输出最小值：_____ V
$R_L=5$ Ω			$k=$ _____ 输出最大值：_____ V 输出最小值：_____ V

5）实验报告

（1）阐明稳压管的稳压原理及双向限幅原理；

（2）观察并记录不同负载阻值时，稳压管限幅电路波形及波形数据，补充完整实表 8.1，总结稳压管双向限幅电路特点，完成实验报告。

解答答案：

（1）详见实验原理部分；

（2）实表 8.1 数如下表，其中黄色为输入波形，绿色为输出波形。

负载电阻值	输入 u_i 和输出 u_o 的波形		波形数据
	Y/T 模式	u_o/u_i 模式	
$R_L=1$ Ω	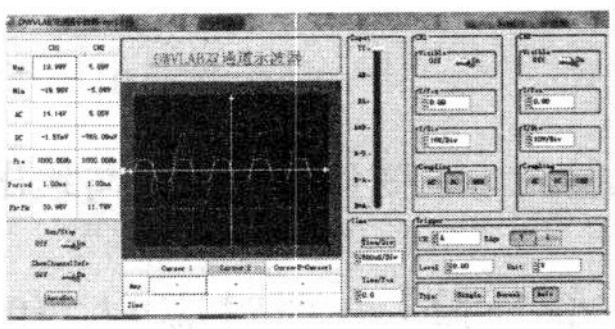	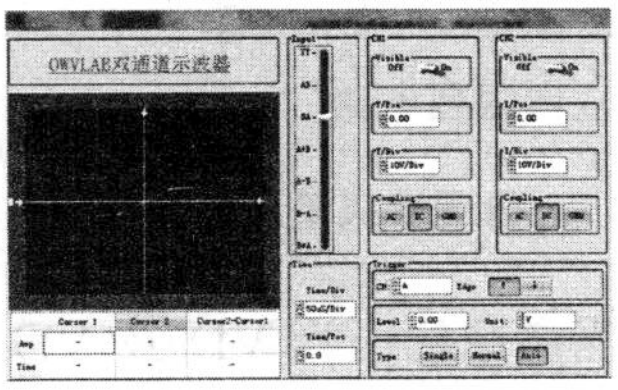	$k=0.5$ 输出最大值：5.89 V 输出最小值：−5.89 V

(续表)

负载电阻值	输入 u_i 和输出 u_o 的波形		波形数据
	Y/T 模式	u_o/u_i 模式	
$R_L = 5\ \Omega$	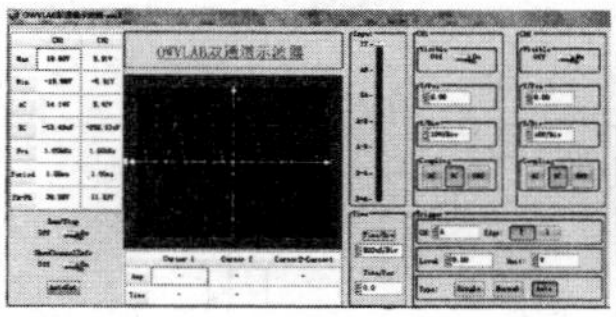	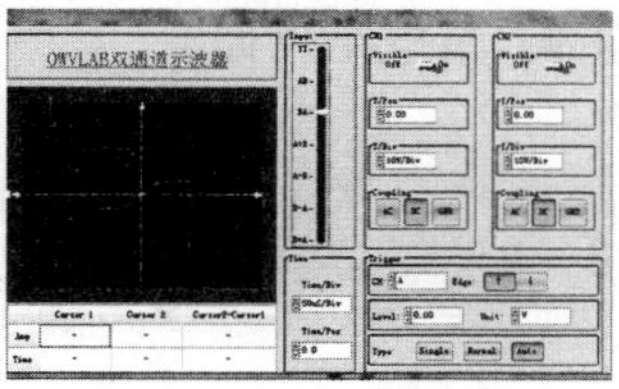	$k = 0.83$ 输出最大值：5.91 V 输出最小值：-5.91 V

实验 9　三极管共射输入特性曲线的测量

1）实验目的

（1）掌握三极管的基本结构和常用连接方式；

（2）掌握三极管的输入特性；

（3）掌握三极管共射输入特性曲线的测量方法。

2）实验器材

（1）直流电压源

（2）Ground

（3）普通电阻

（4）NPN 晶体管 2N1711

（5）直流电压表

（6）直流电流表

3）实验原理

（1）三极管简介

三极管实质上是两个 PN 结，具有 NPN 型和 PNP 型两种类型。为了便于理解，将三极管等效如实图 9.1 所示。

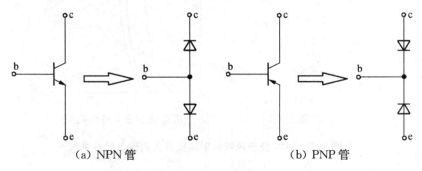

（a）NPN 管　　　　　　　　　　　（b）PNP 管

实图 9.1　两种类型的三极管符号及等效电路

　　如实图 9.1 所示,三极管的三个电极分别称为基极(b)、集电极(c)、发射极(e),分别将基极、集电极和发射极作为输入和输出的共同端,即可构成共基、共集和共射连接方式,如实图 9.2 所示。需要注意的是:无论是哪种连接方式,要使 NPN 型三极管具有放大作用,都必须保证发射结正偏,集电结反偏。

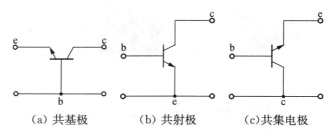

（a）共基极　　　　　（b）共射极　　　　（c）共集电极

实图 9.2　晶体管的三种连接方式

（2）共射输入特性曲线

　　三极管的伏安特性曲线能直观地描述各极间电压与各极电流之间的关系。由实图 9.2 可以看出,不论是哪种连接方式,都可以将三极管看作是一个二端口网络,其中一个端口是输入回路,一个端口是输出回路。要完整地描述三极管的伏安特性曲线,必须用两组表示不同端变量(输入电压和输入电流、输出电压和输出电流)之间关系的特性曲线。工程上常用的是三极管的输入特性和输出特性曲线,一般采用实验方法逐点描绘出来。由于在不同连接方式时具有不同的端电压和电流,因此它们的伏安特性曲线也各不相同。下面主要针对共射连接方式时的输入特性曲线进行详细介绍。三极管连接成共射形式时,输入电压为 u_{BE},输入电流为 i_B,输出电压为 u_{CE},输出电流为 i_C,如实图 9.3(a)所示。

　　共射连接方式下三极管的输入特性描述的是输出电压 u_{CE} 为某一数值情况下,输入电流 i_B 与输入电压 u_{BE} 之间的关系,用函数表示为:

$$i_B = f(u_{BE}) \Big|_{U_{CE}=常数}$$

　　实图 9.3(b)给出 u_{CE} 分别为 0 V、0.5 V 及大于等于 1 V 情况下的共射输入特性曲线。因为发射结正偏,所以三极管的输入特性曲线与半导体二极管的正向特性曲线相似。但随着 u_{CE} 的增加,特性曲线向右移动,即当 u_{BE} 一定时,随着 u_{CE} 的增加,i_B 将减小。

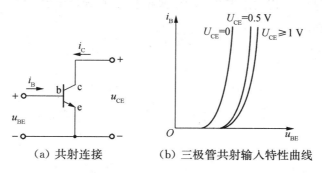

（a）共射连接　　　　（b）三极管共射输入特性曲线

实图 9.3　NPN 型三极管共射连接及共射输入特性曲线

4）实验内容

实验任务：实图 9.4 为共射输入特性曲线测量电路，测量 NPN 型晶体管共射输入特性曲线。

（1）按照实图 9.4 搭建实验电路。设置输入电压源 U_B 和 U_C 均为直流电压源，直流电压源 U_B 及 U_C 的幅值按照实表 9.1 进行设置；设置电阻 $R_b = 1\ \text{k}\Omega$；NPN 晶体管型号选择 2N1711；

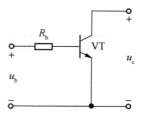

实图 9.4 共射输入特性测量电路

（2）运行实验，分别采用直流电流表和直流电压表测量 U_{CE}、u_{BE} 和 i_B，记录相应数据于实表 9.1 中（注：电压表需并联在电路中，电流表需串联在电路中）；

（3）在同一坐标系下绘制在 U_{CE} 为特定数值时的三极管输入特性曲线，补充完整实表 9.1。

实表 9.1　实验数据

项　目		U_B								输入特性曲线（同一坐标系）
		0	0.2	0.4	0.6	0.75	0.9	1	1.5	
$U_C=0\ \text{V}$	$u_{CE}(\text{V})$									
	$u_{BE}(\text{V})$									
	$i_B(\text{A})$									
$U_C=0.5\ \text{V}$	$u_{CE}(\text{V})$									
	$u_{BE}(\text{V})$									
	$i_B(\text{A})$									
$U_C=5\ \text{V}$	$u_{CE}(\text{V})$									
	$u_{BE}(\text{V})$									
	$i_B(\text{A})$									

5）实验报告

（1）在同一坐标系中绘制在 U_{CE} 为特定数值（即 U_{CE} 为参变量）时的三极管输入特性曲线；

（2）补充完整实表 9.1，阐述三极管共射输入曲线的特点，并将理论值与测量结果相比较，完成实验报告。

解答答案：

实表 9.1 数据如下表。

项　目		U_B								输入特性曲线 （同一坐标系）
		0	0.2	0.4	0.6	0.75	0.9	1	1.5	
$U_C=0$ V	u_{CE}(V)	0	0	0	0	0	0	0	0	
	u_{BE}(V)	0	199.97m	399.94m	598.19m	686.80m	716.18m	728.23m	765.48m	
	i_B(A)	0	20n	40.51μ	1.78μ	63.17μ	183.79μ	271.73μ	734.48μ	
$U_C=0.5$ V	u_{CE}(V)	0.5	0.5	0.5	0.5	0.5	0.5	0.5	0.5	
	u_{BE}(V)	500.09p	199.97m	399.94m	599.83m	740.12m	807.41m	827.17m	873.05m	
	i_B(A)	0	20n	40.09n	143.52n	9.85μ	92.56μ	172.79μ	626.91μ	
$U_C=5$ V	u_{CE}(V)	5	5	5	5	5	5	5	5	
	u_{BE}(V)	5n	199.97m	399.94m	599.83m	740.13m	807.80m	828.02m	876.42m	
	i_B(A)	−5p	19.99n	40.09n	143.51n	9.84μ	92.16μ	171.94μ	623.53μ	

同一坐标系中输入特性曲线如下图：

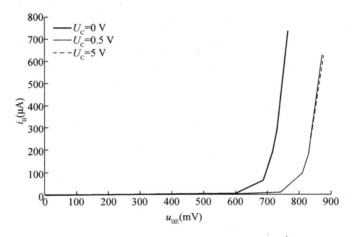

实验 10　共射输出特性曲线的测量

1）实验目的

（1）掌握三极管的输出特性；

（2）掌握三极管的基本结构和常用连接方式；

（3）掌握三极管共射极输出特性曲线的测量方法。

2）实验器材

（1）V_{CC}

（2）直流电流源

（3）Ground

（4）普通电阻

（5）NPN 晶体管 2N2218

（6）直流电压表

（7）直流电流表

3）实验原理

（1）三极管简介

三极管实质上是两个 PN 结,具有 NPN 型和 PNP 型两种类型。为了便于理解,将三极管等效如实图 10.1 所示。

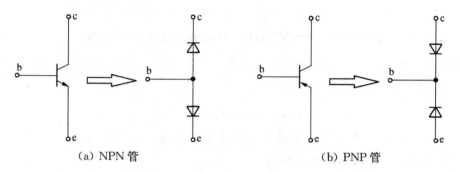

（a）NPN 管　　　　　　　　　　　　　　（b）PNP 管

实图 10.1　两种类型的三极管符号及等效电路

如实图 10.1 所示,三极管的三个电极分别称为基极(b)、集电极(c)、发射极(e),分别将基极、集电极和发射极作为输入和输出的共同端,即可构成共基、共集和共射连接方式,如实图 10.2 所示。需要注意的是:无论是哪种连接方式,要使 NPN 型三极管具有放大作用,都必须保证发射结正偏,集电结反偏。

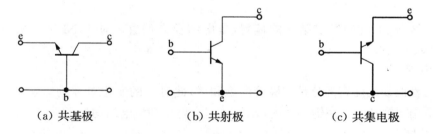

（a）共基极　　　　　　　　（b）共射极　　　　　　　　（c）共集电极

实图 10.2　晶体管三种连接方式

（2）三极管共射输出特性曲线

三极管的伏安特性曲线能直观地描述各极间电压与各极电流之间的关系。由实图 10.2 可以看出,不论是哪种连接方式,都可以将三极管看作是一个二端口网络,其中一个端口是输入回路,一个端口是输出回路。要完整地描述三极管的伏安特性曲线,必须用两组表示不同端变量(输入电压和输入电流、输出电压和输出电流)之间关系的特性曲线。工程上常用的是三极管的输入特性和输出特性曲线,一般采用实验方法逐点描绘出来。由于在不同连接方式时具有不同的端电压和电流,因此它们的伏安曲线也就各不相同。下面主要针对共射极连接方式时的输出特性曲线进行详细介绍。三极管连接成共射形式时,输入电压为 u_B,输入电流为 i_B,输出电压为 u_{CE},输出电流为 i_C,如实图 10.3(a)所示。

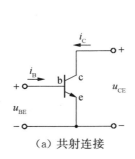 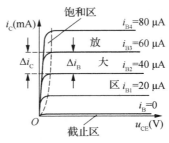

（a）共射连接　　　　　　（b）三极管共射输出特性曲线

实图 10.3　NPN 型三极管共射连接及共射输出特性曲线

共射连接时的三极管输出特性曲线描述了当输入电流 i_B 为某一数值时，输出电流 i_C 与输出电压 u_{CE} 之间的关系，用函数表示为：

$$i_C = f(u_{CE})\Big|_{i_B=常数}$$

实图 10.3(b) 是 NPN 型三极管的共射输出特性曲线。由实图 10.3(b) 可以看出三极管的三个工作区域：放大区、饱和区和截止区。

① 放大区

在放大区域内，三极管输出特性曲线的特点为：各条输出特性曲线近似为水平的直线，表示当 i_B 一定时，i_C 的值基本上不随 u_{CE} 而变化；但是，当输入电流有一个微小的变化量 Δi_B 时，相应的输出电流将产生一个较大的变化量 Δi_C，可见三极管具有电流放大作用。将输出电流 i_C 与输入电流 i_B 之比定义为三极管的共射电流放大系数，用 β 表示，即

$$\beta = \frac{\Delta i_C}{\Delta i_B}$$

在放大区，三极管的发射结正向偏置，集电结反向偏置。对于 NPN 三极管而言，即 $u_{BE} > 0$，而 $u_{BC} < 0$。

② 饱和区

输出特性曲线的陡直部分是三极管的饱和区，此时 i_B 的变化对 i_C 的影响较小，放大区的 β 不再适用于饱和区。在饱和区内，$u_{CE} \leqslant u_{BE}$，发射结和集电结均处于正向偏置。

③ 截止区

$i_B = 0$ 的曲线以下的区域称为截止区，此时三极管的发射结和集电结均反向偏置。

4) 实验内容

实验任务：实图 10.4 为 NPN 型三极管共射输出特性曲线测量电路，测量共射输出特性曲线。

（1）按照实图 10.4 搭建实验电路。设置输入电流源 I_B 为直流电流源；设置电压源 U_C 为常用信号源 V_{CC}，并且直流电流源 I_B 的电流值及 V_{CC} 的电压值按照表 10.1 进行设置；设置电阻 $R_b = 1\,k\Omega$，$R_c = 400\,\Omega$；NPN 晶体管型号选择 2N2218；

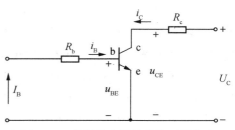

实图 10.4　共射输出特性曲线测量电路

（2）运行实验，分别采用直流电流表和直流电压表测量 u_{CE}、i_C 和 i_B，记录相应数据于实表 10.1 中（注：电压表需并联在电路中，电流表需串联在电路中）；

（3）在同一坐标系中绘制在 I_B 为特定数值时的晶体管输出特性曲线，补充完整实表 10.1。

实表 10.1　实验数据

项　目		U_C											输出特性曲线（同一坐标系）
		0.1	0.5	1	3	6	9	12	15	20	25	50	
$I_B=1$ mA	$i_B(A)$												
	$u_{CE}(V)$												
	$i_C(A)$												
$I_B=2$ mA	$i_B(A)$												
	$u_{CE}(V)$												
	$i_C(A)$												
$I_B=3$ mA	$i_B(A)$												
	$u_{CE}(V)$												
	$i_C(A)$												

5）实验报告

（1）在同一坐标系中绘制在 i_B 为特定数值时的三极管输出特性曲线；

（2）观察三极管共射输出特性曲线，阐述 NPN 型晶体管处于放大区、截止区及饱和区的条件及特点；

（3）阐述三极管共射输出曲线的特点，并将理论与仿真测量结果相比较，完成实验报告。

解答答案：

实表 10.1 数据如下表，其余详见实验原理部分。

项　目		U_C											输入特性曲线（同一坐标系）
		0.1	0.5	1	3	6	9	12	15	20	25	50	
$I_B=1$ mA	$i_B(A)$	999.92μ	999.92μ	999.92μ	999.92μ	999.92μ	999.91μ	999.91μ	999.91μ	999.91μ	999.91μ	999.91μ	
	$u_{CE}(V)$	819.97μ	15.37m	27.33m	55.07m	80.65m	101.54m	122.08m	145.78m	325.75m	1.88	9.68	
	$i_C(A)$	247.95μ	1.21m	2.43m	7.36m	14.80m	22.25m	29.59m	37.14m	49.19m	57.79m	100.80m	
$I_B=2$ mA	$i_B(A)$	2m	2m	2m	2m	2m	2m	2m	2m	2m	2m	2m	
	$u_{CE}(V)$	−3.24m	6m	14.74m	37.36m	58.86m	75.46m	90.04m	103.72m	126.21m	150.63m	3.34	
	$i_C(A)$	258.10μ	1.23m	2.46m	7.41m	14.85m	22.31m	29.77m	37.24m	49.68m	62.12m	116.66m	
$I_B=3$ mA	$i_B(A)$	3m	3m	3m	3m	3m	3m	3m	3m	3m	3m	3m	
	$u_{CE}(V)$	−5.04m	1.86m	8.88m	28.51m	48.11m	63.32m	76.51m	88.61m	107.55m	126.02m	661.81m	
	$i_C(A)$	262.61μ	1.25m	2.48m	7.43m	14.88m	22.34m	29.81m	37.28m	49.73m	62.18m	123.34m	

同一坐标系下输出特性曲线如下图。

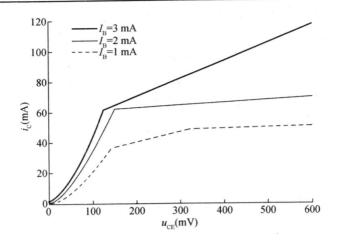

实验 11 集成运放的应用——反相比例运算电路

1）实验目的

(1) 掌握集成运算放大器的基本特性；

(2) 掌握"虚短""虚断"的概念；

(3) 掌握反相比例运算电路的结构和工作原理；

(4) 掌握运算放大器和示波器的使用方法。

2）实验器材

(1) 交流电压源（有效值）

(2) V_{CC}

(3) V_{SS}

(4) Ground

(5) 普通电阻

(6) 运算放大器 UA741CD

(7) 交流电流表

(8) 交流电压表

(9) 泰克示波器 TBS1102

3）实验原理

(1) 集成运算放大器基本特性

集成运算放大器符号如实图 11.1 所示。设运算放大器"+"和"－"两个输入端输入信号分别为 u_+ 和 u_-，它们的差为 $u_{id} = u_+ - u_-$，输出信号为 u_o，则集成运放的电压传输特

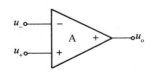

实图 11.1 集成运放电器符号

性如实图 11.2 所示。

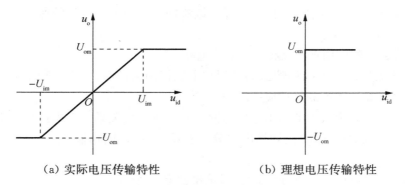

（a）实际电压传输特性　　　　　　　　（b）理想电压传输特性

实图 11.2　集成运放电压传输特性

由实图 11.2(a)可知，集成运放可工作在线性区（$|u_{id}|<U_{im}$）和非线性区（$|u_{id}|\geqslant U_{im}$）。在线性区，曲线的斜率为电压放大倍数 A_{ud}；在非线性区只有两种电压输出。通常集成运算放大器电压增益极高，所以线性区曲线的斜率极为陡峭，即使输入毫伏级以下的信号，也足以使输出电压饱和。

实图 11.2(b)为集成运放的理想电压传输特性，该理想电压传输特性显示了运算放大器作为电压比较器的工作方式，可用于判别 u_+ 和 u_- 电位的大小。

由集成运放的电压传输特性可知，集成运放的工作方式有两种：其一为线性放大方式，在此方式下，为保证输入一定范围电压信号的线性放大，必须减小运算放大器的电压增益，因此，集成运算放大器必须工作在负反馈状态下；其二为电压比较器方式，此时运算放大器必须工作在开环或正反馈状态。

（2）集成运算放大器的"虚断""虚短"原则

理想集成运算放大器特性如下：① 开环电压增益为无穷大；② 输入阻抗为无穷大；③ 输出阻抗为 0；④ 带宽为无穷大；⑤ 共模抑制比为无穷大；⑥ 输入偏置电流为 0；⑦ 输入失调电压、输入失调电流及它们的漂移均为 0。

基于上述理想运放的基本特性，在进行电路分析时，要灵活应用"虚短"、"虚断"两个原则。

① "虚短"原则

理想运算放大器工作在线性状态时有：$u_o=A_{ud}(u_+-u_-)$，而 $A_{ud}\to\infty$，所以

$$u_+-u_-=u_o/A_{ud}\to 0$$

上式表明，理想运算放大器工作在线性放大方式时，同相输入端的电位 u_+ 与反相输入端电位 u_- 一样，好似它们两者"短路"一样。

理想运算放大器工作在非线性状态时，因为 $u_o\neq A_{ud}(u_+-u_-)$，所以 $u_+\neq u_-$。

"虚短"表示理想运放工作在线性状态时两输入端的电位相等。当某一个输入端的实际电位为"地"电位时，另一端可称之为"虚地"。

"虚短"原则只适用于运算放大器的线性应用状态，即运算放大器工作在负反馈状态下。

② "虚断"原则

　　由于理想运放的输入阻抗为无穷大,因此运放的两个输入端无电流流进(流出),如同两个输入端从运算放大器中"断开"了一样。该法则适用于理想运放的所有工作状态(线性和非线性工作状态)。

　　(3) 集成运放的应用——反相比例运算电路

　　在运算放大器的输入端和输出端之间加上反馈网络,则可实现各种不同的电路功能。比例运算电路是集成运放的线性应用之一。

　　比例运算电路是指放大器输出电压与输入电压成比例关系。根据信号具有从同相端、反相端及差分输入的形式,比例运算电路分别有反相输入、同相输入及差分输入三种基本类型。

　　反相比例运算电路如实图 11.3 所示,该电路是一个典型的电压并联负反馈电路。输入电压 u_i 通过电阻 R 作用于集成运放的反相输入端,因此输出电压 u_o 与 u_i 反相。同相输入端通过电阻 R_p 接地,输出电压 u_o 经反馈电阻 R_f 接回到反相输入端,形成负反馈,其中 R_p 称为平衡电阻,以保证集成运放输入级差分放大电路的对称性,其值为 $u_i=0$(即将输入端接地)时反相输入端的总等效电阻,即各支路电阻的并联,因此 $R_p=R/\!/R_f$。

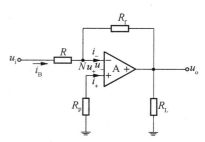

实图 11.3　反相比例运算电路

　　根据"虚断"原则,有:$i_+=i_-=0$;根据"虚短"原则,有:$u_+=u_-$。因此,节点 N 的电流方程为:

$$i_R=\frac{u_i-u_-}{R}=\frac{u_--u_o}{R_f}$$

　　对于上述电路,显然 $u_+=R_p i_+=0$,整理上述方程得:

$$u_o=-\frac{R_f}{R}u_i$$

　　可见,反相比例运算电路的输出电压信号与输入电压成比例,且相位相反。该电路的电压放大倍数为:

$$A_{uf}=\frac{u_o}{u_i}=-\frac{R_f}{R}$$

　　当 $R=R_f$ 时,上述电路为单位增益倒相器,也称反相器。

　　反相比例放大器的输入电阻为:

$$R_i=\frac{u_i}{i_R}=R$$

　　因为运算放大器本身输出电阻很小,此电路又引入了电压负反馈,所以输出电阻为:

$$R_o\to 0。$$

　　综上所述,反相比例运算放大电路具有以下特点:

　　① 由于 $u_+=0$,使得信号输入端 $u_-=0$,称为"虚地",因此反相比例运算电路的共模输入电压为零,即其对集成运放的共模抑制比要求低;

　　② 输出电压信号与输入电压信号成比例,且相位相反;

　　③ 输入电阻较低,因此对输入信号的负载能力有一定的要求。

4）实验内容

实验任务：实图 11.3 为反相比例运算电路，研究反相比例运算电路的基本特点。

（1）按照实图 11.3 搭建实验电路。输入信号源 u_i 采用交流电压源（有效值），设置其有效值为 $U_{irms}=10\ mV$，频率 $f=1\ kHz$；设置电阻 $R=R_L=10\ k\Omega$，$R_P=7.5\ k\Omega$，R_f 的阻值按照实表 11.1 进行设置；运算放大器型号选择 UA741CD；UA741CD 的电源正接入端连接 V_{CC}，设置电压值为 18 V，电源负接入端连接 V_{SS}，设置电压值为 -18 V；

（2）运行实验，分别采用交流电流表和交流电压表测量流过电阻 R 的电流有效值 I_{irms}、输入电压有效值 U_{irms} 和输出电压有效值 U_{orms}，记录相应数据于实表 11.1 中；采用泰克示波器 TBS1102 观察并记录输入 u_i 和输出 u_o 波形；

（3）补充完整实表 11.1，总结反相比例运算电路的特点。

实表 11.1　反相比例运算电路测量数据

R_f(kΩ)		10	20	30	40	50
输入及输出波形						
输入电压 U_{irms}(V)						
输出电压 U_{orms}(V)						
输入电流 I_{irms}(A)						
电压放大倍数	计算值 $A_{uf}=-U_{orms}/U_{irms}$					
	理论值 $A_{uf}=-R_f/R$					
	误差					
输入电阻 R_i (Ω)	计算值 $R_i=U_{irms}/I_{irms}$					
	理论值 $R_i=R$	$R_i=$ _____				
	误差					

5）实验报告

（1）阐述集成运放的电压传输特性，说明集成运放的基本特点；

（2）阐明反相比例运算放大电路的基本结构及原理，观察并记录实验中电路的输入及输出波形及数据，补充完整实表 11.1；

（3）阐明"虚断"及"虚短"原则使用的前提条件，掌握使用该原则分析电路的方法，完成实验报告。

解答答案：

实表 11.1 数据如下表，其余内容详见实验原理部分，图中黄色曲线为输入 u_i，绿色曲线为输出 u_o。

$R_f(k\Omega)$		10	20	30	40	50
输入及输出波形						
输入电压 $U_{irms}(V)$		10m	10m	10m	10m	10m
输出电压 $U_{orms}(V)$		10m	20m	30m	40m	50m
输入电流 $I_{irms}(A)$		999.48n	1μ	1μ	999.66n	1μ
电压放大倍数	计算值 $A_{uf}=-U_{orms}/U_{irms}$	−1	−2	−3	−4	−5
	理论值 $A_{uf}=-R_f/R$	−1	−2	−3	−4	−5
	误差	0	0	0	0	0
输入电阻 R_i (Ω)	计算值 $R_i=U_{irms}/I_{irms}$	10.005k	10k	10k	10.003k	10k
	理论值 $R_i=R$	$R_i=$ __10k__				
	误差	0.05%	0	0	0.03%	0

实验 12　集成运放的应用——同相比例运算电路

1）实验目的

（1）掌握"虚短""虚断"的概念；
（2）掌握集成运算放大器的基本特性及测量方法；
（3）掌握同相比例运算电路的结构和工作原理；
（4）掌握运算放大器和示波器的使用方法。

2）实验器材

（1）交流电压源（有效值）
（2）V_{CC}
（3）V_{SS}
（4）Ground
（5）普通电阻
（6）运算放大器 UA741CD
（7）交流电压表
（8）交流电流表
（9）泰克示波器 TBS1102

3）实验原理

（1）集成运算放大器基本特性

集成运算放大器符号如实图 12.1 所示。设运算放大器"＋"和"－"两输入端输入信号分别为 u_+ 和 u_-，它们的差为 $u_{id}=u_+-u_-$，输出信号为 u_o，则集成运放的电压传输特性如实图 12.2 所示。

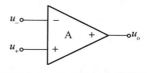

实图 12.1　集成运放电器符号

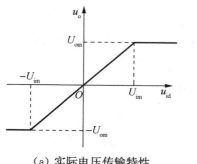

（a）实际电压传输特性

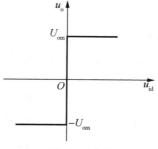

（b）理想电压传输特性

实图 12.2　集成运放电压传输特性

由实图 12.2(a)可知，集成运放可工作在线性区（$|u_{id}|<U_{im}$）和非线性区（$|u_{id}|\geqslant U_{im}$）。在线性区，曲线的斜率为电压放大倍数 A_{ud}；在非线性区只有两种电压输出。通常集成运算放大器电压增益极高，所以线性区曲线的斜率极为陡峭，即使输入毫伏级以下的信号，也足以使输出电压饱和。

实图 12.2(b)为集成运放的理想电压传输特性，该理想电压传输特性显示了运算放大器作为电压比较器的工作方式，可用于判别 u_+ 和 u_- 电位的大小。

由集成运放的电压传输特性可知，集成运放的工作方式有两种：其一为线性放大方式，在此方式下，为保证输入一定范围电压信号的线性放大，必须减小运算放大器的电压增益，因此，集成运算放大器必须工作在负反馈状态下；其二为电压比较器方式，此时运算放大器必须工作在开环或正反馈状态。

（2）集成运算放大器的"虚断""虚短"原则

理想集成运算放大器特性如下：① 开环电压增益为无穷大；② 输入阻抗为无穷大；③ 输出阻抗为 0；④ 带宽为无穷大；⑤ 共模抑制比为无穷大；⑥ 输入偏置电流为 0；⑦ 输入失调电压、输入失调电流及它们的漂移均为 0。

基于上述理想运放的基本特性，在进行电路分析时，要灵活应用"虚短"、"虚断"两个原则。

① "虚短"原则

理想运算放大器工作在线性状态时有：$u_o=A_{ud}(u_+-u_-)$，而 $A_{ud}\to\infty$，所以

$$u_+-u_-=u_o/A_{ud}\to 0$$

上式表明，理想运算放大器工作在线性放大方式时，同相输入端的电位 u_+ 与反相输入端电位 u_- 一样，好似它们两者"短路"一样。

理想运算放大器工作在非线性状态时,因为 $u_o \neq A_{ud}(u_+ - u_-)$,所以 $u_+ \neq u_-$。

"虚短"表示理想运放工作在线性状态时两输入端的电位相等。当某一个输入端的实际电位为"地"电位时,另一端可称之为"虚地"。

"虚短"原则只适用于运算放大器的线性应用状态,即运算放大器工作在负反馈状态下。

② "虚断"原则

由于理想运放的输入阻抗为无穷大,因此运放的两个输入端无电流流进(流出),如同两个输入端从运算放大器中"断开"了一样。该法则适用于理想运放的所有工作状态(线性和非线性工作状态)。

(3)集成运放的应用——同相比例运算电路

在运算放大器的输入端和输出端之间加上反馈网络,则可实现各种不同的电路功能。比例运算电路是集成运放的线性应用之一。

比例运算电路是指放大器输出电压与输入电压成比例关系。根据信号具有从同相端、反相端及差分输入的形式,比例运算电路分别有反相输入、同相输入及差分输入三种基本类型。

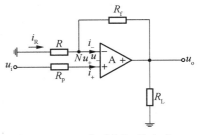

实图 12.3　同相比例运算电路

典型的同相比例运算电路如实图 12.3 所示,其输入信号经平衡电阻 R_p 接到运算放大器的同相输入端,运算放大器的反相输入端经过电阻 R 接地,电路的反馈网络仍由电阻 R_f 构成。

由"虚短"和"虚断"原则及 N 节点电流方程可得:

$$\begin{cases} i_+ = i_- = 0 \\ u_- = u_+ \\ \dfrac{0 - u_-}{R} = \dfrac{u_- - u_o}{R_f} \\ i_+ = \dfrac{u_i - u_+}{R_p} \end{cases}$$

整理得:

$$u_o = \left(1 + \frac{R_f}{R}\right) u_i$$

从而同相比例运算电路的放大倍数为:

$$A_{uf} = \frac{u_o}{u_i} = 1 + \frac{R_f}{R}$$

输入电阻为:

$$R_i = \frac{u_i}{i_+} \to \infty$$

输出电阻为:

$$R_o \approx 0$$

平衡电阻为:

$$R_p = R /\!/ R_f$$

综上所述,同相比例运算电路是放大倍数大于等于 1 的同相比例放大器,且具有输入电阻大的特点。因为输入端不存在"虚地"，要求运算放大器应具有较高的共模抑制能力。

当 $R_f=0$ 或 R 断开时，$A_{uf}=1$，称此种情况下的同相比例运算电路为电压跟随器，其电路如实图 12.4 所示。实图 12.4(a)是考虑信号源内阻时，为满足平衡输入条件的接法。由于同相比例运算电路具有输入电阻大、输出电阻小的特点，所以电压跟随器的隔离、驱动性能优于分立元件的射极跟随器。

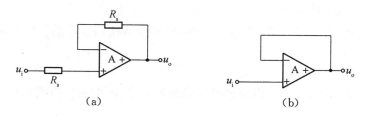

实图 12.4　电压跟随器电路

4）实验内容

实验任务：实图 12.3 为同相比例运算电路，研究同相比例运算电路的基本特点。

（1）按照实图 12.3 搭建实验电路。输入信号源 u_i 采用交流电压源（有效值），设置其有效值为 $U_{irms}=10$ mV，频率 $f=1$ kHz；设置电阻 $R=R_L=10$ kΩ，$R_p=7.5$ kΩ，R_f 的阻值按照实表 12.1 进行设置；运算放大器型号选择 UA741CD；UA741CD 的电源正接入端连接 V_{CC}，设置电压值为 18 V，电源负接入端连接 V_{SS}，设置电压值为－18 V；

（2）运行实验，分别采用交流电流表和交流电压表测量流过电阻 R_p 的电流有效值 I_{irms}、输入电压有效值 U_{irms} 和输出电压有效值 U_{orms}，记录相应数据于实表 12.1 中；采用泰克示波器 TBS1102 观察并记录输入 u_i 和输出 u_o 波形；

（3）补充完整实表 12.1，总结同相比例运算电路的特点。

实表 12.1　同相比例运算电路测量数据

R_f(kΩ)		10	20	30	40	50
输入及输出波形						
输入电压 U_{irms}(V)						
输出电压 U_{orms}(V)						
输入电流 I_{irms}(A)						
电压放大倍数	计算值 $A_{uf}=-U_{orms}/U_{irms}$					
	理论值 $A_{uf}=1+R_f/R$					
	误差					
输入电阻 R_i（Ω）	计算值 $R_i=U_{irms}/I_{irms}$					
	理论值 $R_i\rightarrow\infty$	$R_i=\underline{\ \ \infty\ \ }$				

5）实验报告

（1）阐述集成运放的电压传输特性，说明集成运放的基本特点。

（2）阐明同相比例运算放大电路的基本结构及原理，观察并记录实验中电路的输入及输出波形及数据，补充完整实表 12.1。

（3）设计电压跟随器电路，阐明电路特点。

（4）阐明"虚断"及"虚短"原则使用的前提条件，掌握使用该原则分析电路的方法，完成实验报告。

解答答案：

实表 12.1 数据如下表，其余内容详见实验原理部分，图中黄色曲线为输入 u_i，绿色曲线为输出 u_o。

$R_f(\text{k}\Omega)$		10	20	30	40	50
输入及输出波形						
输入电压 $U_{\text{irms}}(\text{V})$		10m	10m	10m	10m	10m
输出电压 $U_{\text{orms}}(\text{V})$		20m	30m	40m	50m	60m
输入电流 $I_{\text{irms}}(\text{A})$		1.52n	1.55n	1.54n	1.16n	896.29p
电压放大倍数	计算值 $A_{\text{uf}}=-U_{\text{orms}}/U_{\text{irms}}$	2	3	4	5	6
	理论值 $A_{\text{uf}}=1+R_f/R$	2	3	4	5	6
	误差	0	0	0	0	0
输入电阻 R_i（Ω）	计算值 $R_i=U_{\text{irms}}/I_{\text{irms}}$	6.58M	6.45M	6.49M	8.62M	11.16M
	理论值 $R_i \to \infty$	$R_i=\underline{\ \ \infty\ \ }$				

实验 13　集成运放的应用——差分比例运算电路

1）实验目的

（1）掌握"虚短""虚断"的概念；

（2）掌握集成运算放大器的基本特性及测量方法；

（3）掌握差分比例电路的结构和工作原理；

（4）掌握运算放大器和示波器的使用方法。

2）实验器材

（1）交流电压源（有效值）

（2）V_{CC}

（3）V_{SS}

（4）Ground

（5）普通电阻

（6）运算放大器 UA741CD

（7）交流电压表

（8）四通道示波器

3）实验原理

（1）集成运算放大器基本特性

集成运算放大器符号如实图 13.1 所示。设运算放大器 "＋"和"－"两输入端输入信号分别为 u_+ 和 u_-，它们的差为 $u_{id}＝u_+-u_-$，输出信号为 u_o，则集成运放的电压传输特性如实图 13.2 所示。

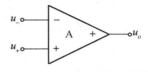

实图 13.1　集成运算放大器符号

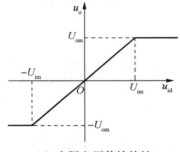

（a）实际电压传输特性

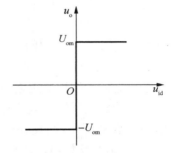

（b）理想电压传输特性

实图 13.2　集成运放电压传输特性

由实图 13.2(a)可知，集成运放可工作在线性区（$|u_{id}|<U_{im}$）和非线性区（$|u_{id}|\geqslant U_{im}$）。在线性区，曲线的斜率为电压放大倍数 A_{ud}；在非线性区只有两种电压输出。通常集成运算放大器电压增益极高，所以线性区曲线的斜率极为陡峭，即使输入毫伏级以下的信号，也足以使输出电压饱和。

实图 13.2(b)为集成运放的理想电压传输特性，该理想电压传输特性显示了运算放大器作为电压比较器的工作方式，可用于判别 u_+ 和 u_- 电位的大小。

由集成运放的电压传输特性可知，集成运放的工作方式有两种：其一为线性放大方式，在此方式下，为保证输入一定范围电压信号的线性放大，必须减小运算放大器的电压增益，因此，集成运算放大器必须工作在负反馈状态下；其二为电压比较器方式，此时运算放大器必须工作在开环或正反馈状态。

（2）集成运算放大器的"虚断"、"虚短"原则

理想集成运算放大器特性如下：① 开环电压增益为无穷大；② 输入阻抗为无穷大；③ 输出阻抗为 0；④ 带宽为无穷大；⑤ 共模抑制比为无穷大；⑥ 输入偏置电流为 0；⑦ 输入失调电压、输入失调电流及它们的漂移均为 0。

基于上述理想运放的基本特性，在进行电路分析时，要灵活应用"虚短"、"虚断"两个

原则。

①"虚短"原则

理想运算放大器工作在线性状态时有:$u_o=A_{ud}(u_+-u_-)$,而 $A_{ud}\to\infty$,所以

$$u_+-u_-=u_o/A_{ud}\to0$$

上式表明,理想运算放大器工作在线性放大方式时,同相输入端的电位 u_+ 与反相输入端电位 u_- 一样,好似它们两者"短路"一样。

理想运算放大器工作在非线性状态时,因为 $u_o\neq A_{ud}(u_+-u_-)$,则 $u_+\neq u_-$。

"虚短"表示理想运放工作在线性状态时两输入端的电位相等。当某一个输入端的实际电位为"地"电位时,另一端可称之为"虚地"。

"虚短"原则只适用于运算放大器的线性应用状态,即运算放大器工作在负反馈状态下。

②"虚断"原则

由于理想运放的输入阻抗为无穷大,因此运放的两个输入端无电流流进(流出),如同两个输入端从运算放大器中"断开"了一样。该法则适用于理想运放的所有工作状态(线性和非线性工作状态)。

(3)集成运放的应用——差分比例运算电路

在运算放大器的输入端和输出端之间加上反馈网络,则可实现各种不同的电路功能。比例运算电路是集成运放的线性应用之一。

比例运算电路是指放大器输出电压与输入电压成比例关系。根据信号具有从同相端、反相端及差分输入的形式,比例运算电路分别有反相输入、同相输入及差分输入三种基本类型。

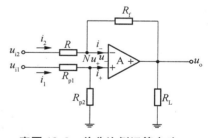

差分比例运算电路如实图 13.3 所示。根据同相比例运算电路和反相比例运算电路输出电压与输入电压的关系,运用叠加定理,可得差分比例运算电路的输出电压为:

实图 13.3　差分比例运算电路

$$u_o=\left(1+\frac{R_f}{R}\right)\frac{R_{p2}}{R_{p1}+R_{p2}}u_{i1}-\frac{R_f}{R}u_{i2}$$

若定义差模输入信号 u_{id} 和共模输入信号 u_{ic} 为:

$$\begin{cases}u_{id}=u_{i1}-u_{i2}\\u_{ic}=(u_{i1}+u_{i2})/2\end{cases}$$

则差分比例运算电路输出电压转化为:

$$u_o=\left(1+\frac{R_f}{R}\right)\frac{R_{p2}}{R_{p1}+R_{p2}}\left(u_{ic}+\frac{1}{2}u_{id}\right)-\frac{R_f}{R}\left(u_{ic}-\frac{1}{2}u_{id}\right)$$

$$=\left[\left(1+\frac{R_f}{R}\right)\frac{R_{p2}}{R_{p1}+R_{p2}}-\frac{R_f}{R}\right]u_{ic}+\frac{1}{2}\left[\left(1+\frac{R_f}{R}\right)\frac{R_{p2}}{R_{p1}+R_{p2}}+\frac{R_f}{R}\right]u_{id}$$

则电路的共模、差模电压增益分别为:

$$\begin{cases} A_{\mathrm{uic}} = \left(1 + \dfrac{R_{\mathrm{f}}}{R}\right)\dfrac{R_{\mathrm{p2}}}{R_{\mathrm{p1}} + R_{\mathrm{p2}}} - \dfrac{R_{\mathrm{f}}}{R} \\ A_{\mathrm{uid}} = \dfrac{1}{2}\left[\left(1 + \dfrac{R_{\mathrm{f}}}{R}\right)\dfrac{R_{\mathrm{p2}}}{R_{\mathrm{p1}} + R_{\mathrm{p2}}} + \dfrac{R_{\mathrm{f}}}{R}\right] \end{cases}$$

综上,该电路既有差模信号输出,也有共模信号输出。为了使共模增益为 0,结合输入输出端的平衡条件,当电阻取值满足 $\begin{cases} R = R_{\mathrm{p1}} \\ R_{\mathrm{f}} = R_{\mathrm{p2}} \end{cases}$ 时,共模增益 $A_{\mathrm{uic}} = 0$,电路中仅有差模信号输出,其大小为:

$$u_{\mathrm{o}} = \frac{R_{\mathrm{f}}}{R}(u_{\mathrm{i1}} - u_{\mathrm{i2}})$$

上式表明,差分比例运算电路实现了减法运算,即减法电路实质是差分比例运算电路的特例。

4）实验内容

实验任务:实图 13.3 为差分比例运算电路,研究差分比例运算电路的基本特点。

（1）按照实图 13.3 搭建实验电路。输入信号源 u_{i1} 和 u_{i2} 均采用交流电压源（有效值）,设置 u_{i1} 有效值 $U_{\mathrm{1rms}} = 4\ \mathrm{mV}$,$u_{\mathrm{i2}}$ 有效值 $U_{\mathrm{2rms}} = 1\ \mathrm{mV}$,频率均为 $f = 1\ \mathrm{kHz}$;设置 $R = R_{\mathrm{p1}} = 10\ \mathrm{k\Omega}$,$R_{\mathrm{p2}} = 20\ \mathrm{k\Omega}$,电阻 R_{f} 的阻值按照实表 13.1 进行设置;运算放大器型号选择 UA741CD;UA741CD 的电源正接入端连接 V_{CC},设置电压值为 18 V,电源负接入端连接 V_{SS},设置电压值为 -18 V;

（2）运行实验,采用交流电压表分别测量输入电压 u_{i1} 的交流有效值 U_{i1rms}、输入电压 u_{i2} 的交流有效值 U_{i2rms} 和输出电压的交流有效值 U_{orms},记录相应数据于实表 13.1 中;采用四通道示波器观察并记录输入 u_{i1}、u_{i2} 和输出 u_{o} 波形于表 13.1 中;

（3）补充完整实表 13.1,总结差分比例运算电路的基本特点。

实表 13.1　差分比例运算电路实验数据

R_{f}(kΩ)	10	20	30	40	50
u_{i1}、u_{i2} 及 u_{o} 波形					
输入电压 1 U_{i1rms}(V)					
输入电压 2 U_{i2rms}(V)					
共模输入电压 U_{icrms}(V)					
差模输入电压 U_{idrms}(V)					
共模增益 A_{uic}					
差模增益 A_{uid}					
输出电压 U_{orms}(V) 测量值					
输出电压 U_{orms}(V) 理论值					
输出电压 U_{orms}(V) 误差					

注:在本次实验中,共模输入电压＝$(U_{\text{i1rms}}+U_{\text{i2rms}})/2$;差模输入电压＝$U_{\text{i1rms}}-U_{\text{i2rms}}$

差模和共模增益满足:$U_{\text{orms}}=A_{\text{uid}}\times U_{\text{idrms}}+A_{\text{uic}}\times U_{\text{icrms}}$

差模和共模增益计算公式为:
$$\begin{cases} A_{\text{uic}}=\left(1+\dfrac{R_{\text{f}}}{R}\right)\dfrac{R_{\text{p2}}}{R_{\text{p1}}+R_{\text{p2}}}-\dfrac{R_{\text{f}}}{R} \\[3mm] A_{\text{uid}}=\dfrac{1}{2}\left[\left(1+\dfrac{R_{\text{f}}}{R}\right)\dfrac{R_{\text{p2}}}{R_{\text{p1}}+R_{\text{p2}}}+\dfrac{R_{\text{f}}}{R}\right] \end{cases}$$

5) 实验报告

（1）阐述集成运放的电压传输特性,说明集成运放的基本特点;

（2）阐明差分比例运算放大电路的基本结构及原理,观察并记录实验中电路的输入及输出波形及数据,补充完整实表 13.1;

（3）阐明"虚断"及"虚短"原则使用的前提条件,掌握使用该原则分析电路的方法,完成实验报告。

解答答案:

实表 13.1 数据如下表,其余内容详见实验原理部分,图中红色曲线为输入 u_{i1},绿色曲线为输出 u_{i2},黄色曲线为输出 u_{o}。

$R_{\text{f}}(\text{k}\Omega)$		10	20	30	40	50
u_{i1}、u_{i2}及u_{o}波形						
输入电压1 $U_{\text{i1rms}}(\text{V})$		4m	4m	4m	4m	4m
输入电压2 $U_{\text{i2rms}}(\text{V})$		1m	1m	1m	1m	1m
共模输入电压 $U_{\text{icrms}}(\text{V})$		2.5m	2.5m	2.5m	2.5m	2.5m
差模输入电压 $U_{\text{idrms}}(\text{V})$		3m	3m	3m	3m	3m
共模增益 A_{uic}		0.333 3	0	−0.333 3	−0.666 7	−1
差模增益 A_{uid}		1.166 7	2	2.833 3	3.666 7	4.5
输出电压 $U_{\text{orms}}(\text{V})$	测量值	4.33m	6m	7.67m	9.33m	11m
	理论值	4.333 3m	6m	7.666 7m	9.333 3m	11m
	误差	0.077%	0	0.043%	0.036%	0

实验 14　集成运放的应用——反相求和运算电路

1) 实验目的

（1）掌握"虚短""虚断"的概念;

（2）掌握集成运算放大器的基本特性及测量方法;

（3）掌握反相求和运算电路的基本结构和工作原理;

（4）掌握运算放大器和示波器的使用方法。

2）实验器材

（1）交流电压源（有效值）

（2）V_{CC}

（3）V_{SS}

（4）Ground

（5）普通电阻

（6）运算放大器 UA741CD

（7）四通道示波器

3）实验原理

（1）集成运算放大器基本特性

集成运算放大器符号如实图 14.1 所示。

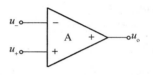

实图 14.1 集成运放电器符号

设运算放大器"＋"和"一"两个输入端输入信号分别为 u_+ 和 u_-，它们的差为 $u_{id} = u_+ - u_-$，输出信号为 u_o，则集成运放的电压传输特性如实图 14.2 所示。

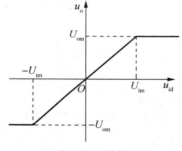
（a）实际电压传输特性

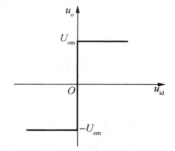
（b）理想电压传输特性

实图 14.2 集成运放电压传输特性

由实图 14.2(a)可知，集成运放可工作在线性区（$|u_{id}| < U_{im}$）和非线性区（$|u_{id}| \geqslant U_{im}$）。在线性区，曲线的斜率为电压放大倍数 A_{ud}；在非线性区只有两种电压输出。通常集成运算放大器电压增益极高，所以线性区曲线的斜率极为陡峭，即使输入毫伏级以下的信号，也足以使输出电压饱和。

实图 14.2(b)为集成运放的理想电压传输特性，该理想电压传输特性显示了运算放大器作为电压比较器的工作方式，可用于判别 u_+ 和 u_- 电位的大小。

由集成运放的电压传输特性可知，集成运放的工作方式有两种：其一为线性放大方式，在此方式下，为保证输入一定范围电压信号的线性放大，必须减小运算放大器的电压增益，因此，集成运算放大器必须工作在负反馈状态下；其二为电压比较器方式，此时运算放大器必须工作在开环或正反馈状态。

（2）集成运算放大器的"虚断"、"虚短"原则

理想集成运算放大器特性如下：① 开环电压增益为无穷大；② 输入阻抗为无穷大；

③ 输出阻抗为 0；④ 带宽为无穷大；⑤ 共模抑制比为无穷大；⑥ 输入偏置电流为 0；⑦ 输入失调电压、输入失调电流及它们的漂移均为 0。

基于上述理想运放的基本特性，在进行电路分析时，要灵活应用"虚短"、"虚断"两个原则。

① "虚短"原则

理想运算放大器工作在线性状态时有：$u_o = A_{ud}(u_+ - u_-)$，而 $A_{ud} \rightarrow \infty$，所以

$$u_+ - u_- = u_o/A_{ud} \rightarrow 0$$

上式表明，理想运算放大器工作在线性放大方式时，同相输入端的电位 u_+ 与反相输入端电位 u_- 一样，好似它们两者"短路"一样。

理想运算放大器工作在非线性状态时，因为 $u_o \neq A_{ud}(u_+ - u_-)$，所以 $u_+ \neq u_-$。

"虚短"表示理想运放工作在线性状态时两输入端的电位相等。当某一个输入端的实际电位为"地"电位时，另一端可称之为"虚地"。

"虚短"原则只适用于运算放大器的线性应用状态，即运算放大器工作在负反馈状态下。

② "虚断"原则

由于理想运放的输入阻抗为无穷大，因此运放的两个输入端无电流流进（流出），如同两个输入端从运算放大器中"断开"了一样。该法则适用于理想运放的所有工作状态（线性和非线性工作状态）。

（3）集成运放的应用——反相求和运算电路

实现多个输入信号按各自不同的比例求和或求差的电路统称为加减运算电路。加减运算电路是集成运放的线性应用之一。若所有输入信号均作用于集成运放的同一个输入端，则实现加法运算；若一部分输入信号作用于同相输入端，而另一部分输入信号作用于反相输入端，则实现加减法运算。

反相求和运算电路的多个输入信号均作用于集成运放的反相输入端，如实图 14.3 所示。

实图 14.3　反相求和运算电路

根据"虚断"原则，有：

$$i_+ = i_- = 0$$

根据"虚短"原则，有：

$$u_+ = u_- = R_4 i_+ = 0$$

节点 N 的电流方程为：

$$\begin{cases} i_1 + i_2 + i_3 = i_F \\ i_1 = \dfrac{u_{i1} - u_-}{R_1}, i_2 = \dfrac{u_{i2} - u_-}{R_2}, i_3 = \dfrac{u_{i3} - u_-}{R_3}, i_F = \dfrac{u_- - u_o}{R_f} \end{cases}$$

整理上述公式得到反相求和运算电路的输出 u_o 的表达式为：

$$u_o = -\frac{R_f}{R_1}u_{i1} - \frac{R_f}{R_2}u_{i2} - \frac{R_f}{R_3}u_{i3}$$

由上述结果可以看出：反相求和电路可以方便地改变某一路信号的输入电阻，实现改

变该电路的比例关系,而不影响其他输入信号的比例关系。

4）实验内容

实验任务:采用运算放大器设计一个反相求和运算电路,实现输出电压和输入电压的关系表达式为:$u_o = -10u_{i1} - 5u_{i2} - 4u_{i3}$。

（1）根据已知的运算关系式,结合反相求和运算电路的特点知,当采用单个集成运放构成电路时,u_{i1},u_{i2},u_{i3}应均作用于反相输入端;

（2）选取 $R_f = 10\text{ k}\Omega$,若 $R_4 = R_1 /\!/ R_2 /\!/ R_3 /\!/ R_f$,则 $u_o = -\dfrac{R_f}{R_1}u_{i1} - \dfrac{R_f}{R_2}u_{i2} - \dfrac{R_f}{R_3}u_{i3}$;

（3）根据系数对应相等原则,有 $\dfrac{R_f}{R_1} = 10, \dfrac{R_f}{R_2} = 5, \dfrac{R_f}{R_3} = 4$,进而求得 $R_1 = 1\text{ k}\Omega, R_2 = 2\text{ k}\Omega$, $R_3 = 2.5\text{ k}\Omega, R_4 = R_1 /\!/ R_2 /\!/ R_3 /\!/ R_f = 0.5\text{ k}\Omega$;

（4）根据以上分析,设计电路如实图 14.3 所示。输入电压源 u_{i1}、u_{i2}、u_{i3} 均采用交流电压源(有效值),设置对应的电压有效值依次分别为 2 mV、4 mV、6 mV,频率均设置为 1 kHz,其余参数采用默认值;负载电阻设置为 $R_L = 10\text{ k}\Omega$;运算放大器型号选择 UA741CD;UA741CD的电源正接入端连接 V_{CC},设置电压值为 18 V,电源负接入端连接 V_{SS},设置电压值为 -18 V;

（5）运行实验,采用四通道示波器观察 u_{i1}、u_{i2}、u_{i3} 及 u_o 的波形,并通过示波器的测量功能,测量波形相关数据(注:测量数据时也可以通过示波器控制面板中的数据显示功能直接读取相关数据);

（6）补充完整实表 14.1,总结反相求和电路的基本特点。

实表 14.1　反相求和运算电路实验数据

输入及输出波形	输入及输出数据				
	信号	有效值	频率	最大值	最小值
	u_{i1}				
	u_{i2}				
	u_{i3}				
u_o	测量值				
	理论值				
	误差				

5）实验报告

（1）阐述集成运放的电压传输特性,说明集成运放的基本特点;

（2）阐明反相求和运算电路的基本结构及原理,观察并记录实验中电路的输入及输出波形及数据,补充完整实表 14.1;

（3）阐明"虚断"及"虚短"原则使用的前提条件,掌握使用该原则分析电路的方法,完成实验报告。

解答答案:

实表 14.1 数据如下表,其余内容详见实验原理部分,图中红色曲线为输入 u_{i1},绿色曲线为输出 u_{i2},黄色曲线为 u_{i3},紫色曲线为输出 u_o。

输入及输出波形	输入及输出数据				
	信号	有效值	频率	最大值	最小值
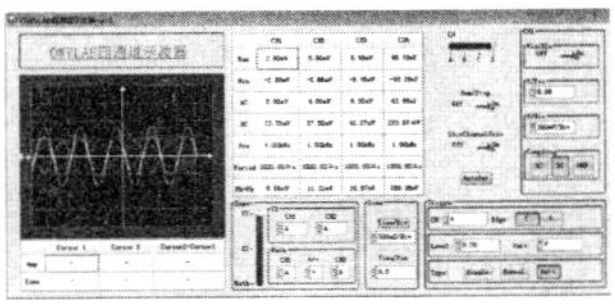	u_{i1}	2 mV	1 kHz	2.83 mV	−2.83 mV
	u_{i2}	4 mV	1 kHz	5.66 mV	−5.66 mV
	u_{i3}	6 mV	1 kHz	8.48 mV	−8.48 mV
u_o 测量值	63.98 mV	1 kHz	90.70 mV	−90.70 mV
u_o 理论值	64 mV	1 kHz	90.52 mV	−90.52 mV
u_o 误差	0.03%	0	2%	2%

实验 15　集成运放的应用——同相求和运算电路

1) 实验目的

(1) 掌握"虚短""虚断"的概念;
(2) 掌握集成运算放大器的基本特性及测量方法;
(3) 掌握同相求和运算电路的基本结构和工作原理;
(4) 掌握运算放大器和示波器的使用方法。

2) 实验器材

(1) 交流电压源(有效值)
(2) V_{CC}
(3) V_{SS}
(4) Ground
(5) 普通电阻
(6) 运算放大器 UA741CD
(7) 四通道示波器

3) 实验原理

(1) 集成运算放大器基本特性
集成运算放大器符号如实图 15.1 所示。

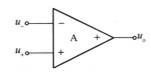

实图 15.1　集成运放电器符号

设运算放大器"+"和"−"两个输入端输入信号分别为 u_+ 和 u_-,它们的差为 $u_{id}=u_+-$

u_-，输出信号为 u_o，则集成运放的电压传输特性如实图 15.2 所示。

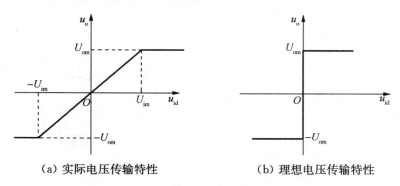

　　（a）实际电压传输特性　　　　　　　　　（b）理想电压传输特性

实图 15.2　集成运放电压传输特性

　　由实图 15.2(a) 可知，集成运放可工作在线性区（$|u_{id}| < U_{im}$）和非线性区（$|u_{id}| \geqslant U_{im}$）。在线性区，曲线的斜率为电压放大倍数 A_{ud}；在非线性区只有两种电压输出。通常集成运算放大器电压增益极高，所以线性区曲线的斜率极为陡峭，即使输入毫伏级以下的信号，也足以使输出电压饱和。

　　实图 15.2(b) 为集成运放的理想电压传输特性，该理想电压传输特性显示了运算放大器作为电压比较器的工作方式，可用于判别 u_+ 和 u_- 电位的大小。

　　由集成运放的电压传输特性可知，集成运放的工作方式有两种：其一为线性放大方式，在此方式下，为保证输入一定范围电压信号的线性放大，必须减小运算放大器的电压增益，因此，集成运算放大器必须工作在负反馈状态下；其二为电压比较器方式，此时运算放大器必须工作在开环或正反馈状态。

　　（2）集成运算放大器的"虚断"、"虚短"原则

　　理想集成运算放大器特性如下：① 开环电压增益为无穷大；② 输入阻抗为无穷大；③ 输出阻抗为 0；④ 带宽为无穷大；⑤ 共模抑制比为无穷大；⑥ 输入偏置电流为 0；⑦ 输入失调电压、输入失调电流及它们的漂移均为 0。

　　基于上述理想运放的基本特性，在进行电路分析时，要灵活应用"虚短"、"虚断"两个原则。

　　① "虚短"原则

　　理想运算放大器工作在线性状态时有：$u_o = A_{ud}(u_+ - u_-)$，而 $A_{ud} \to \infty$，所以

$$u_+ - u_- = u_o / A_{ud} \to 0$$

　　上式表明，理想运算放大器工作在线性放大方式时，同相输入端的电位 u_+ 与反相输入端电位 u_- 一样，好似它们两者"短路"一样。

　　理想运算放大器工作在非线性状态时，因为 $u_o \neq A_{ud}(u_+ - u_-)$，所以 $u_+ \neq u_-$。

　　"虚短"表示理想运放工作在线性状态时两输入端的电位相等。当某一个输入端的实际电位为"地"电位时，另一端可称之为"虚地"。

　　"虚短"原则只适用于运算放大器的线性应用状态，即运算放大器工作在负反馈状态下。

　　② "虚断"原则

　　由于理想运放的输入阻抗为无穷大，因此运放的两个输入端无电流流进（流出），如同两个输入端从运算放大器中"断开"了一样。该法则适用于理想运放的所有工作状态（线性

和非线性工作状态）。

（3）集成运放的应用——同相求和运算电路

实现多个输入信号按各自不同的比例求和或求差的电路统称为加减运算电路。加减运算电路是集成运放的线性应用之一。若所有输入信号均作用于集成运放的同一个输入端，则实现加法运算；若一部分输入信号作用于同相输入端，而另一部分输入信号作用于反相输入端，则实现加减法运算。

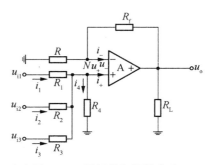

当多个输入信号同时作用于集成运放的同相输入端时，就构成同相求和运算电路，如实图 15.3 所示。

实图 15.3 同相求和运算电路

由"虚短"、"虚断"原则及节点电流方程可得：

$$\begin{cases} i_+ = i_- = 0, u_+ = u_- \\ \dfrac{0 - u_-}{R} = \dfrac{u_- - u_o}{R_f} \\ \dfrac{u_{i1} - u_+}{R_1} + \dfrac{u_{i2} - u_+}{R_2} + \dfrac{u_{i3} - u_+}{R_3} = \dfrac{u_+}{R_4} \end{cases}$$

整理上面方程组得：

$$u_o\left(\dfrac{1}{R_1} + \dfrac{1}{R_2} + \dfrac{1}{R_3} + \dfrac{1}{R_4}\right) = \left(1 + \dfrac{R_f}{R}\right)\left(\dfrac{u_{i1}}{R_1} + \dfrac{u_{i2}}{R_2} + \dfrac{u_{i3}}{R_3}\right)$$

令 $\begin{cases} R_P = R_1 /\!/ R_2 /\!/ R_3 /\!/ R_4 \\ R_N = R /\!/ R_f \end{cases}$，则同相求和运算电路的输出表达式化简为：

$$u_o = \dfrac{R_P}{R_N}\left(\dfrac{R_f}{R_1}u_{i1} + \dfrac{R_f}{R_2}u_{i2} + \dfrac{R_f}{R_3}u_{i3}\right)$$

若令 $R_P = R_N$，则

$$u_o = \dfrac{R_f}{R_1}u_{i1} + \dfrac{R_f}{R_2}u_{i2} + \dfrac{R_f}{R_3}u_{i3}$$

由同相求和运算电路的输出表达式可以看出，同相求和运算电路对各输入信号的比例调节不方便，并且由于同相求和运算电路的共模输入信号较大，因此其应用不是很广泛。

4) 实验内容

实验任务：采用运算放大器设计一个同相求和运算电路，实现输出电压和输入电压的关系表达式为：$u_o = 10u_{i1} + 5u_{i2} + 4u_{i3}$。

（1）根据已知的运算关系式，结合同相求和运算电路的特点知，当采用单个集成运放构成电路时，u_{i1}、u_{i2}、u_{i3} 应均作用于同相输入端；

（2）选取 $R_f = 10\ \text{k}\Omega$，若令 $R_1 /\!/ R_2 /\!/ R_3 /\!/ R_4 = R /\!/ R_f$，则 $u_o = \dfrac{R_f}{R_1}u_{i1} + \dfrac{R_f}{R_2}u_{i2} + \dfrac{R_f}{R_3}u_{i3}$；

（3）根据系数对应相等原则，有 $\dfrac{R_f}{R_1} = 10$，$\dfrac{R_f}{R_2} = 5$，$\dfrac{R_f}{R_3} = 4$，进而求得 $R_1 = 1\ \text{k}\Omega$，$R_2 = 2\ \text{k}\Omega$，$R_3 = 2.5\ \text{k}\Omega$，$\dfrac{1}{R} + \dfrac{1}{R_f} = \dfrac{1}{R_1} + \dfrac{1}{R_2} + \dfrac{1}{R_3} + \dfrac{1}{R_4} \xrightarrow{R = 0.5\text{k}\Omega} R_4 = 5\ \text{k}\Omega$；

（4）根据以上分析，设计电路如实图 15.3 所示。输入电压源 u_{i1}、u_{i2}、u_{i3} 均采用交流电压源（有效值），设置对应的电压有效值依次分别为 2 mV、4 mV、6 mV，频率均设置为 1 kHz，其余参数采用默认值；负载电阻设置为 $R_L = 10\ \text{k}\Omega$；运算放大器型号选择 UA741CD；UA741CD 的电源正接入端连接 V_{CC}，设置电压值为 18 V，电源负接入端连接 V_{SS}，设置电压值为 −18 V；

（5）运行实验，采用四通道示波器观察 u_{i1}、u_{i2}、u_{i3} 及 u_o 的波形，并通过示波器的测量功能，测量波形相关数据（注：测量数据时也可以通过示波器控制面板中的数据显示功能直接读取相关数据）；

（6）补充完整实表 15.1，总结同相求和电路的基本特点。

实表 15.1　同相求和运算电路实验数据

输入及输出波形	输入及输出数据				
	信号	有效值	频率	最大值	最小值
	u_{i1}				
	u_{i2}				
	u_{i3}				
u_o	测量值				
	理论值				
	误差				

5）实验报告

（1）阐述集成运放的电压传输特性，说明集成运放的基本特点；

（2）阐明同相求和运算电路的基本结构及原理，观察并记录实验中电路的输入及输出波形及数据，补充完整实表 15.1；

（3）阐明"虚断"及"虚短"原则使用的前提条件，掌握使用该原则分析电路的方法，完成实验报告。

解答答案：

实表 15.1 数据如下表，其余内容详见实验原理部分。其中，红色曲线为输入 u_{i1}，绿色曲线为输出 u_{i2}，黄色曲线为 u_{i3}，紫色曲线为输出 u_o。

输入及输出波形	输入及输出数据				
	信号	有效值	频率	最大值	最小值
	u_{i1}	2 mV	1 kHz	2.83 mV	−2.83 mV
	u_{i2}	4 mV	1 kHz	5.65 mV	−5.65 mV
	u_{i3}	6 mV	1 kHz	8.48 mV	−8.48 mV
u_o	测量值	63.98 mV	1 kHz	90.55 mV	−90.08 mV
	理论值	64 mV	1 kHz	90.47 mV	−90.47 mV
	误差	0.03%	0	0.09%	4%

实验 16　集成运放的应用——减法运算电路

1）实验目的

（1）掌握"虚短""虚断"的概念；
（2）掌握集成运算放大器的基本特性及测量方法；
（3）掌握减法运算电路的基本结构和工作原理；
（4）掌握运算放大器和示波器的使用方法。

2）实验器材

（1）交流电压源（有效值）
（2）Ground
（3）普通电阻
（4）运算放大器 UA741CD
（5）四通道示波器

3）实验原理

（1）集成运算放大器基本特性

集成运算放大器符号如实图 16.1 所示。设运算放大器"＋"和"－"两输入端输入信号分别为 u_+ 和 u_-，它们的差为 $u_{id}＝u_+－u_-$，输出信号为 u_o，则集成运放的电压传输特性如实图 16.2 所示。

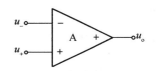

实图 16.1　集成运放电器符号

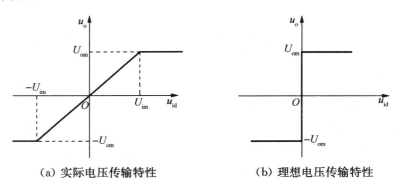

（a）实际电压传输特性　　　　（b）理想电压传输特性

实图 16.2　集成运放电压传输特性

由实图 16.2（a）可知，集成运放可工作在线性区（$|u_{id}|<U_{im}$）和非线性区（$|u_{id}|\geqslant U_{im}$）。在线性区，曲线的斜率为电压放大倍数 A_{ud}；在非线性区只有两种电压输出。通常集成运算放大器电压增益极高，所以线性区曲线的斜率极为陡峭，即使输入毫伏级以下的信号，也足以使输出电压饱和。

实图 16.2（b）为集成运放的理想电压传输特性，该理想电压传输特性显示了运算放大器作为电压比较器的工作方式,可用于判别 u_+ 和 u_- 电位的大小。

由集成运放的电压传输特性可知,集成运放的工作方式有两种:其一为线性放大方式,在此方式下,为保证输入一定范围电压信号的线性放大,必须减小运算放大器的电压增益,因此,集成运算放大器必须工作在负反馈状态下;其二为电压比较器方式,此时运算放大器必须工作在开环或正反馈状态。

(2) 集成运算放大器的"虚断"、"虚短"原则

理想集成运算放大器特性如下:① 开环电压增益为无穷大;② 输入阻抗为无穷大;③ 输出阻抗为 0;④ 带宽为无穷大;⑤ 共模抑制比为无穷大;⑥ 输入偏置电流为 0;⑦ 输入失调电压、输入失调电流及它们的漂移均为 0。

基于上述理想运放的基本特性,在进行电路分析时,要灵活应用"虚短"、"虚断"两个原则。

① "虚短"原则

理想运算放大器工作在线性状态时有 $:u_o = A_{ud}(u_+ - u_-)$,而 $A_{ud} \to \infty$,所以

$$u_+ - u_- = u_o/A_{ud} \to 0$$

上式表明,理想运算放大器工作在线性放大方式时,同相输入端的电位 u_+ 与反相输入端电位 u_- 一样,好似它们两者"短路"一样。

理想运算放大器工作在非线性状态时,因为 $u_o \neq A_{ud}(u_+ - u_-)$,所以 $u_+ \neq u_-$。

"虚短"表示理想运放工作在线性状态时两输入端的电位相等。当某一个输入端的实际电位为"地"电位时,另一端可称之为"虚地"。

"虚短"原则只适用于运算放大器的线性应用状态,即运算放大器工作在负反馈状态下。

(2) "虚断"原则

由于理想运放的输入阻抗为无穷大,因此运放的两个输入端无电流流进(流出),如同两个输入端从运算放大器中"断开"了一样。该法则适用于理想运放的所有工作状态(线性和非线性工作状态)。

(3) 集成运放的应用——减法运算电路

实现多个输入信号按各自不同的比例求和或求差的电路统称为加减运算电路。加减运算电路是集成运放的线性应用之一。若所有输入信号均作用于集成运放的同一个输入端,则实现加法运算;若一部分输入信号作用于同相输入端,而另一部分输入信号作用于反相输入端,则实现加减法运算。

① 通过反相求和实现减法运算

如实图 16.3 所示,将反相比例电路与一个反相求和运算电路相连接,组成一个减法运算电路。

根据反相比例运算电路及反相求和运算电路的分析,得到上述减法运算电路的输出电压表达式为:

$$u_o = \frac{R_{f2}}{R_4} u_{i2} - \frac{R_{f2}}{R_3} \frac{R_{f1}}{R_1} u_{i1}$$

通过选择合适的 R_1、R_3、R_4、R_{f1}、R_{f2},可以实现 $u_o = u_{i2} - u_{i1}$。

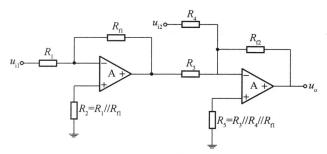

实图 16.3　通过反相求和实现减法运算电路

② 利用差分输入实现减法运算。

如实图 16.4 所示,利用差分输入可以实现减法运算。

由"虚短"、"虚断"原则及节点电流方程可得:

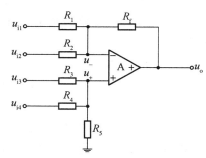

$$\begin{cases} u_-=u_+ \\ \left(\dfrac{1}{R_1}+\dfrac{1}{R_2}+\dfrac{1}{R_f}\right)u_-=\dfrac{u_{i1}}{R_1}+\dfrac{u_{i2}}{R_2}+\dfrac{u_o}{R_f} \\ \left(\dfrac{1}{R_3}+\dfrac{1}{R_4}+\dfrac{1}{R_5}\right)u_+=\dfrac{u_{i3}}{R_3}+\dfrac{u_{i4}}{R_4} \end{cases}$$

实图 16.4　利用差分输入实现减法运算

令 $\begin{cases} R_P=R_3/\!/R_4/\!/R_5 \\ R_N=R_1/\!/R_2/\!/R_f \end{cases}$,则

$$u_o=\frac{R_P}{R_N}\left(\frac{R_f}{R_3}u_{i3}+\frac{R_f}{R_4}u_{i4}\right)-\frac{R_f}{R_1}u_{i1}-\frac{R_f}{R_2}u_{i2}$$

若输入满足平衡条件,即 $R_P=R_N$,则输出为:

$$u_o=R_f\left(\frac{u_{i3}}{R_3}+\frac{u_{i4}}{R_4}-\frac{u_{i1}}{R_1}-\frac{u_{i2}}{R_2}\right)$$

4）实验内容

实验任务:采用单个运算放大器设计一个减法运算电路,实现输出电压和输入电压的关系表达式为:$u_o=10u_{i1}-5u_{i2}-4u_{i3}$。

（1）根据已知的运算关系式,当采用单个集成运放构成电路时,u_{i1} 作用于同相输入端,u_{i2},u_{i3} 均作用于反相输入端;

（2）选取 $R_f=10\ k\Omega$,若令 $R_1/\!/R_4=R_2/\!/R_3/\!/R_f$,则 $u_o=\dfrac{R_f}{R_1}u_{i1}-\dfrac{R_f}{R_2}u_{i2}-\dfrac{R_f}{R_3}u_{i3}$;

（3）根据系数对应相等原则,有 $\dfrac{R_f}{R_1}=10,\dfrac{R_f}{R_2}=5,\dfrac{R_f}{R_3}=4$,进而求得 $R_1=1\ k\Omega,R_2=2\ k\Omega,R_3=2.5\ k\Omega,\dfrac{1}{R_1}+\dfrac{1}{R_4}=\dfrac{1}{R_2}+\dfrac{1}{R_3}+\dfrac{1}{R_f}\Rightarrow\dfrac{1}{R_4}=\dfrac{1}{R_2}+\dfrac{1}{R_3}+\dfrac{1}{R_f}-\dfrac{1}{R_1}=0$,故可以

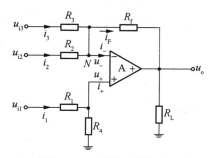

实图 16.5　减法运算电路

省去 R_4；

（4）根据以上分析，设计电路如实图 16.5 所示。输入电压源 u_{i1}、u_{i2}、u_{i3} 均采用交流电压源（有效值），设置对应的电压有效值依次分别为 2 mV、4 mV、6 mV，频率均设置为 1 kHz，其余参数采用默认值；负载电阻设置为 $R_L = 10$ kΩ；运算放大器型号选择 UA741CD；UA741CD 的电源正接入端连接 V_{CC}，设置电压值为 18 V，电源负接入端连接 V_{SS}，设置电压值为 −18 V；

（5）运行实验，采用四通道示波器观察 u_{i1}、u_{i2}、u_{i3} 及 u_o 的波形，并通过示波器的测量功能，测量波形相关数据（注：测量数据时也可以通过示波器控制面板中的数据显示功能直接读取相关数据）；

（6）补充完整实表 16.1，总结减法运算电路的基本特点。

实表 16.1　减法运算电路实验数据

输入及输出波形	输入及输出数据				
	信号	有效值	频率	最大值	最小值
	u_{i1}				
	u_{i2}				
	u_{i3}				
	u_o 测量值				
	u_o 理论值				
	u_o 误差				

5）实 验 报 告

（1）阐述集成运放的电压传输特性，说明集成运放的基本特点；

（2）阐明减法运算电路的基本结构及原理，观察并记录实验中电路的输入及输出波形及数据，补充完整实表 16.1；

（3）阐明"虚断"及"虚短"原则使用的前提条件，掌握使用该原则分析电路的方法，完成实验报告。

解答答案：

实表 16.1 数据如下表，其余内容详见实验原理部分。

输入及输出波形	输入及输出数据				
	信号	有效值	频率	最大值	最小值
	u_{i1}	2 mV	1 kHz	2.83 mV	−2.83 mV
	u_{i2}	4 mV	1 kHz	5.65 mV	−5.65 mV
	u_{i3}	6 mV	1 kHz	8.48 mV	−8.48 mV
	u_o 测量值	24 mV	1 kHz	34.03 mV	−33.81 mV
	u_o 理论值	24 mV	1 kHz	33.87 mV	−33.87 mV
	u_o 误差	0	0	0.47%	0.18%

实验 17　集成运放的应用——积分运算电路

1）实验目的

（1）掌握"虚短""虚断"的概念；
（2）掌握集成运算放大器的基本特性及测量方法；
（3）掌握积分运算电路的基本结构和工作原理；
（4）掌握运算放大器和示波器的使用方法。

2）实验器材

（1）V_{CC}
（2）V_{SS}
（3）Ground
（4）交流电压源
（5）阶跃电压源
（6）时钟电压源
（7）脉冲电压源
（8）普通电阻
（9）普通电容
（10）运算放大器 UA741CD
（11）双通道示波器

3）实验原理

（1）集成运算放大器基本特性

集成运算放大器符号如实图 17.1 所示。设运算放大器"+"和"−"两输入端输入信号分别为 u_+ 和 u_-，它们的差为 $u_{id} = u_+ - u_-$，输出信号为 u_o，则集成运放的电压传输特性如实图 17.2 所示。

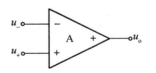

实图 17.1　集成运放电器符号

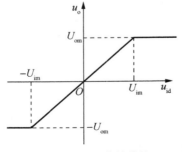

（a）实际电压传输特性

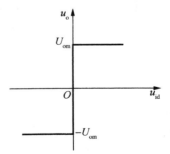

（b）理想电压传输特性

实图 17.2　集成运放电压传输特性

由实图 17.2(a)可知,集成运放可工作在线性区($|u_{id}|<U_{im}$)和非线性区($|u_{id}|\geqslant U_{im}$)。在线性区,曲线的斜率为电压放大倍数 A_{ud};在非线性区只有两种电压输出。通常集成运算放大器电压增益极高,所以线性区曲线的斜率极为陡峭,即使输入毫伏级以下的信号,也足以使输出电压饱和。

实图 17.2(b)为集成运放的理想电压传输特性,该理想电压传输特性显示了运算放大器作为电压比较器的工作方式,可用于判别 u_+ 和 u_- 电位的大小。

由集成运放的电压传输特性可知,集成运放的工作方式有两种:其一为线性放大方式,在此方式下,为保证输入一定范围电压信号的线性放大,必须减小运算放大器的电压增益,因此,集成运算放大器必须工作在负反馈状态下;其二为电压比较器方式,此时运算放大器必须工作在开环或正反馈状态。

(2) 集成运算放大器的"虚断""虚短"原则

理想集成运算放大器特性如下:① 开环电压增益为无穷大;② 输入阻抗为无穷大;③ 输出阻抗为0;④ 带宽为无穷大;⑤ 共模抑制比为无穷大;⑥ 输入偏置电流为0;⑦ 输入失调电压、输入失调电流及它们的漂移均为0。

基于上述理想运放的基本特性,在进行电路分析时,要灵活应用"虚短"、"虚断"两个原则。

① "虚短"原则

理想运算放大器工作在线性状态时有:$u_o=A_{ud}(u_+-u_-)$,而 $A_{ud}\rightarrow\infty$,所以

$$u_+-u_-=u_o/A_{ud}\rightarrow 0$$

上式表明,理想运算放大器工作在线性放大方式时,同相输入端的电位 u_+ 与反相输入端电位 u_- 一样,好似它们两者"短路"一样。

理想运算放大器工作在非线性状态时,因为 $u_o\neq A_{ud}(u_+-u_-)$,所以 $u_+\neq u_-$。

"虚短"表示理想运放工作在线性状态时两输入端的电位相等。当某一个输入端的实际电位为"地"电位时,另一端可称之为"虚地"。

"虚短"原则只适用于运算放大器的线性应用状态,即运算放大器工作在负反馈状态下。

② "虚断"原则

由于理想运放的输入阻抗为无穷大,因此运放的两个输入端无电流流进(流出),如同两个输入端从运算放大器中"断开"了一样。该法则适用于理想运放的所有工作状态(线性和非线性工作状态)。

(3) 集成运放的应用—积分运算电路

积分运算和微分运算互为逆运算。以集成运放作为放大电路,利用电阻和电容作为反馈网络,可以实现这两种运算电路。

积分运算电路如实图 17.3 所示。由"虚短""虚断"原则及电容的基本特性,可得:

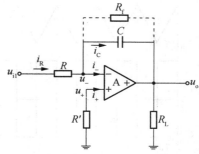

实图 17.3 积分运算电路

$$\begin{cases} i_R = i_c = \dfrac{u_i}{R} \\[2mm] i_c = C\dfrac{\mathrm{d}u_c}{\mathrm{d}t} \\[2mm] u_o = -u_c \end{cases}$$

整理得：

$$u_o = -\frac{1}{RC}\int u_i \,\mathrm{d}t$$

设电容在 t_0 时刻的初始值为 $u_c(t_0)$，求解 t_0 到 t_1 时间段的积分值，为：

$$u_o = -\frac{1}{RC}\int_{t_0}^{t_1} u_i \,\mathrm{d}t + u_c(t_0)$$

上式中，$\tau = RC$ 称为积分运算电路的时间常数，它决定了积分速度。

实图 17.4 给出不同输入情况下积分运算电路的输出波形（设电容初始值为 0）。由实图 17.4 可以看出利用积分运算电路可以实现方波-三角波的波形变换和正弦-余弦的移相功能。需要说明的是：① 图中给出的均为理论波形，在实际电路中，随着输入信号的增大，运算放大器进入非线性工作状态，电路只可能输出运算放大器能输出的最大值；② 图中波形均只代表波形趋势。

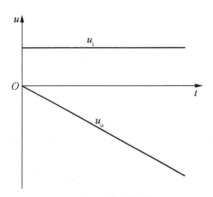

（a）输入为阶跃信号

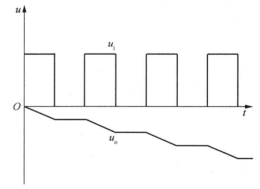

（b）输入为时钟信号

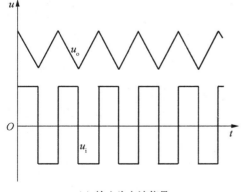

（c）输入为方波信号

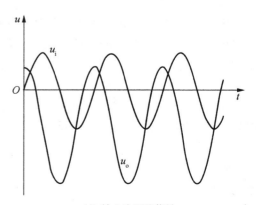

（d）输入为正弦信号

实图 17.4　积分运算电路在不同输入情况下的波形

在实际应用电路中,为了防止低频信号增益过大,经常在电容上并联一个电阻加以限制,如实图 17.3 中虚线所示。

4) 实验内容

实验任务:实图 17.3 为积分运算电路,研究积分运算电路在不同输入信号情况时的波形,总结积分运算电路的特点。

(1) 基本积分运算电路实验

① 按照实图 17.3 搭建实验电路,基本积分运算电路不包含电阻 R_f。输入信号源 u_i 按照实表 17.1 进行相应设置;设置电阻 $R = R' = 100$ kΩ,电阻 $R_L = 10$ kΩ;设置电容 $C = 1\ \mu F$;运算放大器型号选择 UA741CD;UA741CD 的电源正接入端连接 V_{cc},设置电压值为 18 V,电源负接入端连接 V_{ss},设置电压值为 −18 V;

② 运行实验,采用双通道示波器观察输入 u_i 和输出 u_o 的波形,并通过示波器的测量功能,测量波形相关数据(注:测量数据时也可以通过示波器控制面板中的数据显示功能直接读取相关数据);

③ 记录相关波形及数据于实表 17.1 中,总结基本积分运算电路特点。

(2) 实际积分运算电路实验

① 在基本积分运算电路的基础上,在电容两端并联电阻 $R_f = 100$ kΩ。根据实表 17.1 改变输入信号源,观察输入与输出波形,并读取相关数据记录于实表 17.1 中;

② 补充完整实表 17.1,总结实际积分运算电路在不同输入信号时的特点。

实表 17.1　积分运算电路在不同输入信号情况下波形及电路测量数据

输入信号	基本积分运算电路		实际积分运算电路	
	输入及输出波形	输出信号幅值及频率信息	输入及输出波形	输出信号幅值及频率信息
阶跃信号: 阶跃电压源初始值设为 0 V,阶跃值设为 5 V,阶跃时间 50 ms,其余参数默认				
时钟信号: 时钟电压源频率 $f = 10$ Hz,幅值设为 5 V,占空比设为 50%,其余参数默认				
方波信号: 脉冲电压源设置初始值为 −1 V,脉冲值为 1 V,脉冲宽度为 500 ms,周期为 1 s,其余参数默认				
正弦信号: 交流电压源设置峰值为 5 V,频率为 1 Hz,其余参数默认				

5）实验报告

（1）阐述集成运放的电压传输特性，说明集成运放的基本特点；

（2）阐述积分运算电路的基本结构及输入输出关系，总结电路特点，记录实验波形及数据，补充完整实表 17.1；

（3）分析在不同的输入信号时积分电路的特点，分别给出不同输入信号时电路输出与输入的表达式，写明计算过程；

（4）阐明"虚断"及"虚短"原则使用的前提条件，掌握使用该原则分析电路的方法，完成实验报告。

解答答案：

实表 17.1 数据如下表，其余内容详见实验原理部分。

输入信号	基本积分运算电路		实际积分运算电路	
	输入及输出波形	输出信号幅值及频率信息	输入及输出波形	输出信号幅值及频率信息
阶跃信号： 阶跃电压源初始值设为 0 V，阶跃值设为 5 V，阶跃时间 50 ms，其余参数默认		最大值：2.41 V 最小值：−16 V		最大值：−580.74 μV 最小值：−5.01 V
时钟信号： 时钟电压源频率 $f=$ 10 Hz，幅值设为 5 V，占空比设为 50%，其余参数默认		最大值：2.41 V 最小值：−16 V		最大值：−570.27 μV 最小值：−3.10 V 频率：9.99 Hz
方波信号： 脉冲电压源设置初始值为 −1 V，脉冲值为 1 V，脉冲宽度为 500 ms，周期为 1 s，其余参数默认		最大值：16.01 V 最小值：10.97 V 频率：999.37 mHz		最大值：994.99 mV 最小值：−997.71 mV 频率：999.97 mHz
正弦信号： 交流电压源设置峰值为 5 V，频率为 1 Hz，其余参数默认		最大值：2.43 V 最小值：−13.49 V 频率：1 Hz		最大值：4.22 V 最小值：−4.23 V 频率：1 Hz

实验 18　集成运放的应用——二极管对数运算电路

1）实验目的

（1）掌握"虚短""虚断"的概念；

（2）掌握集成运算放大器的基本特性及测量方法；

（3）熟悉二极管对数运算电路的基本结构和工作原理；

　　(4) 掌握运算放大器和示波器的使用方法。

2) 实验器材

(1) V_{CC}

(2) V_{SS}

(3) Ground

(4) 三角波电压源

(5) 普通电阻

(6) 普通二极管 1N4007

(7) 运算放大器 UA741CD

(8) 泰克示波器 TBS1102

3) 实验原理

(1) 集成运算放大器基本特性

集成运算放大器符号如实图 18.1 所示。设运算放大器
"＋"和"－"两输入端输入信号分别为 u_+ 和 u_-，它们的差为
$u_{id} = u_+ - u_-$，输出信号为 u_o，则集成运放的电压传输特性如
实图 18.2 所示。

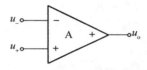

实图 18.1　集成运放电器符号

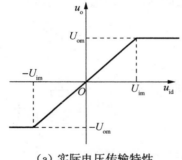

(a) 实际电压传输特性

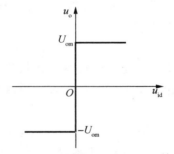

(b) 理想电压传输特性

实图 18.2　集成运放电压传输特性

　　由实图 18.2(a) 可知，集成运放可工作在线性区($|u_{id}| < U_{im}$)和非线性区($|u_{id}| \geqslant U_{im}$)。
在线性区，曲线的斜率为电压放大倍数 A_{ud}；在非线性区只有两种电压输出。通常集成运算
放大器电压增益极高，所以线性区曲线的斜率极为陡峭，即使输入毫伏级以下的信号，也足
以使输出电压饱和。

　　实图 18.2(b) 为集成运放的理想电压传输特性，该理想电压传输特性显示了运算放大
器作为电压比较器的工作方式，可用于判别 u_+ 和 u_- 电位的大小。

　　由集成运放的电压传输特性可知，集成运放的工作方式有两种：其一为线性放大方式，
在此方式下，为保证输入一定范围电压信号的线性放大，必须减小运算放大器的电压增益，
因此，集成运算放大器必须工作在负反馈状态下；其二为电压比较器方式，此时运算放大器
必须工作在开环或正反馈状态。

（2）集成运算放大器的"虚断""虚短"原则

理想集成运算放大器特性如下：① 开环电压增益为无穷大；② 输入阻抗为无穷大；③ 输出阻抗为0；④ 带宽为无穷大；⑤ 共模抑制比为无穷大；⑥ 输入偏置电流为0；⑦ 输入失调电压、输入失调电流及它们的漂移均为0。

基于上述理想运放的基本特性，在进行电路分析时，要灵活应用"虚短"、"虚断"两个原则。

① "虚短"原则

理想运算放大器工作在线性状态时有：$u_o = A_{ud}(u_+ - u_-)$，而 $A_{ud} \to \infty$，所以

$$u_+ - u_- = u_o/A_{ud} \to 0$$

上式表明，理想运算放大器工作在线性放大方式时，同相输入端的电位 u_+ 与反相输入端电位 u_- 一样，好似它们两者"短路"一样。

理想运算放大器工作在非线性状态时，因为 $u_o \neq A_{ud}(u_+ - u_-)$，所以 $u_+ \neq u_-$。

"虚短"表示理想运放工作在线性状态时两输入端的电位相等。当某一个输入端的实际电位为"地"电位时，另一端可称之为"虚地"。

"虚短"原则只适用于运算放大器的线性应用状态，即运算放大器工作在负反馈状态下。

② "虚断"原则

由于理想运放的输入阻抗为无穷大，因此运放的两个输入端无电流流进（流出），如同两个输入端从运算放大器中"断开"了一样。该法则适用于理想运放的所有工作状态（线性和非线性工作状态）。

（3）集成运放的应用——二极管对数运算电路

利用 PN 结伏安特性具有的指数规律，将二极管或三极管分别接入集成运放的反馈回路和输入回路，可以实现对数运算。

实图 18.3 为采用二极管的对数运算电路，为使二极管导通，输入电压 u_i 应大于零。

二极管的正向电流与其端电压的近似关系为：

$$i_D \approx I_s e^{\frac{u_D}{U_T}}$$

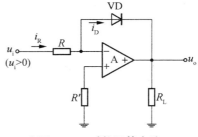

实图 18.3　对数运算电路

从而有：

$$u_D \approx U_T \ln \frac{i_D}{I_s}$$

由"虚短""虚断"原则及节点电流方程可得：

$$\begin{cases} i_D = i_R = \dfrac{u_i}{R} \\ u_o = -u_D \end{cases}$$

整理得到对数运算电路的输出与输入的关系为：

$$u_o \approx -U_T \ln \frac{u_i}{RI_s}$$

上式表明,运算关系与 U_T 和 I_S 有关,因而运算精度受温度的影响,而且二极管在电流较小时内部载流子的复合运动不可忽略,在电流较大时内阻不可忽略。所以,仅在一定的电流范围内才能满足指数特性。为了扩大输入电压的动态范围,实用电路中常采用三极管取代二极管。

4) 实验内容

实验任务:实图 18.3 为二极管对数运算电路,研究输入信号为斜坡信号时二极管对数运算电路的特点。

(1) 按照实图 18.3 搭建实验电路。输入的斜坡信号 u_i 采用三角波电压源,设置三角波电压源幅值为 1 V,周期为 1 ms,下降时间为 1 ns,其余参数采用默认值;电阻 $R=R'=R_L=$ 1 kΩ;二极管型号选择 1N4007;运算放大器型号选择 UA741CD;UA741CD 的电源正接入端连接 V_{CC},设置电压值为 18 V,电源负接入端连接 V_{SS},设置电压值为 -18 V;

(2) 运行实验,采用泰克示波器观察输入 u_i 和输出 u_o 的波形,并通过示波器的测量功能测量相关数据,记录波形和数据于实表 18.1 中;

(3) 将仿真结果与理论值相比较,说明误差原因。

实表 18.1　实验数据

输入及输出波形	输出数据
	最大值: 最小值: 频率:

5) 实验报告

(1) 阐述集成运放的电压传输特性,说明集成运放的基本特点;

(2) 阐述二极管对数运算电路的基本结构及输入输出关系,总结电路特点,记录实验波形及数据,补充完整实表 18.1;

(3) 设置三角波电压源下降时间为周期的一半时,分析二极管对数运算电路的理论波形,给出计算过程;

(4) 阐明"虚断"及"虚短"原则使用的前提条件,掌握使用该原则分析电路的方法,完成实验报告。

解答答案:

实表 18.1 数据如下表,其余内容详见实验原理部分。

输入及输出波形	输出数据
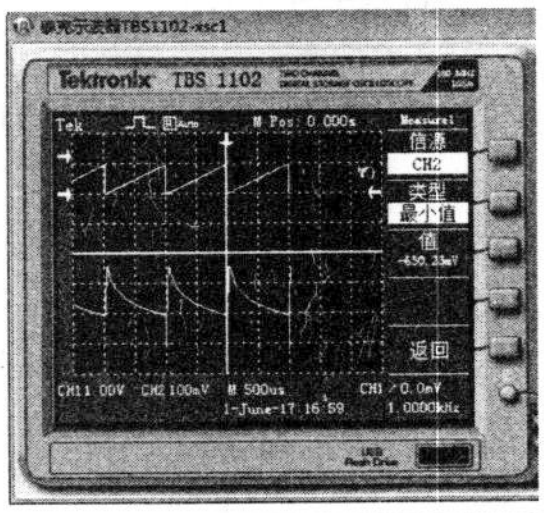 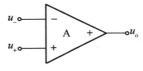	最大值：－368.24 mV 最小值：－650.23 mV 频率：1 kHz

实验 19　集成运放的应用——三极管对数运算电路

1）实验目的

（1）掌握"虚短""虚断"的概念；

（2）掌握集成运算放大器的基本特性及测量方法；

（3）熟悉三极管对数运算电路的基本结构和工作原理；

（4）掌握运算放大器和示波器的使用方法。

2）实验器材

（1）V_{CC}

（2）V_{SS}

（3）Ground

（4）三角波电压源

（5）普通电阻

（6）NPN 晶体管 2N1711

（7）运算放大器 UA741CD

（8）泰克示波器 TBS1102

3）实验原理

实图 19.1　集成运放电器符号

（1）集成运算放大器基本特性

集成运算放大器符号如实图 19.1 所示。设运算放大器"＋"和"－"两输入端输入信号分别为 u_+ 和 u_-，它们的差为 $u_{id}＝u_+－u_-$，输出信号为 u_o，则集成运放的电压传输特性如实图 19.2 所示。

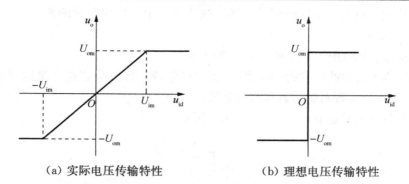

（a）实际电压传输特性　　　　　　（b）理想电压传输特性

实图 19.2　集成运放电压传输特性

由实图 19.2(a)可知,集成运放可工作在线性区($|u_{id}|<U_{im}$)和非线性区($|u_{id}|\geqslant U_{im}$)。在线性区,曲线的斜率为电压放大倍数 A_{ud};在非线性区只有两种电压输出。通常集成运算放大器电压增益极高,所以线性区曲线的斜率极为陡峭,即使输入毫伏级以下的信号,也足以使输出电压饱和。

实图 19.2(b)为集成运放的理想电压传输特性,该理想电压传输特性显示了运算放大器作为电压比较器的工作方式,可用于判别 u_+ 和 u_- 电位的大小。

由集成运放的电压传输特性可知,集成运放的工作方式有两种:其一为线性放大方式,在此方式下,为保证输入一定范围电压信号的线性放大,必须减小运算放大器的电压增益,因此,集成运算放大器必须工作在负反馈状态下;其二为电压比较器方式,此时运算放大器必须工作在开环或正反馈状态。

（2）集成运算放大器的"虚断""虚短"原则

理想集成运算放大器特性如下:① 开环电压增益为无穷大;② 输入阻抗为无穷大;③ 输出阻抗为0;④ 带宽为无穷大;⑤ 共模抑制比为无穷大;⑥ 输入偏置电流为0;⑦ 输入失调电压、输入失调电流及它们的漂移均为0。

基于上述理想运放的基本特性,在进行电路分析时,要灵活应用"虚短"、"虚断"两个原则。

① "虚短"原则

理想运算放大器工作在线性状态时有:$u_o=A_{ud}(u_+-u_-)$,而 $A_{ud}\to\infty$,所以

$$u_+-u_-=u_o/A_{ud}\to0$$

上式表明,理想运算放大器工作在线性放大方式时,同相输入端的电位 u_+ 与反相输入端电位 u_- 一样,好似它们两者"短路"一样。

理想运算放大器工作在非线性状态时,因为 $u_o\neq A_{ud}(u_+-u_-)$,所以 $u_+\neq u_-$。

"虚短"表示理想运放工作在线性状态时两输入端的电位相等。当某一个输入端的实际电位为"地"电位时,另一端可称之为"虚地"。

"虚短"原则只适用于运算放大器的线性应用状态,即运算放大器工作在负反馈状态下。

② "虚断"原则

由于理想运放的输入阻抗为无穷大,因此运放的两个输入端无电流流进(流出),如同

两个输入端从运算放大器中"断开"了一样。该法则适用于理想运放的所有工作状态（线性和非线性工作状态）。

（3）集成运放的应用——三极管对数运算电路

利用 PN 结伏安特性具有的指数规律,将二极管或三极管分别接入集成运放的反馈回路和输入回路,可以实现对数运算和指数运算。

采用三极管的对数运算电路如实图 19.3 所示。

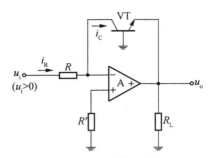

实图 19.3　对数运算电路

在忽略晶体管基极电阻压降且认为晶体管的共基电路放大系数 $\alpha \approx 1$ 的情况下,若 $u_{BE} \gg U_T$,则:

$$i_C = \alpha i_E \approx I_S e^{\frac{u_{BE}}{U_T}}$$

从而:$u_{BE} \approx U_T \ln \dfrac{i_C}{I_S}$。

由"虚短"、"虚断"原则及节点电流方程可得:

$$\begin{cases} i_C = i_R = \dfrac{u_i}{R} \\ u_o = -u_{BE} \end{cases}$$

整理得到对数运算电路的输出与输入的关系为:

$$u_o \approx -U_T \ln \dfrac{u_i}{RI_s}$$

和二极管构成的对数运算电路一样,三极管构成的对数运算电路的运算关系也受温度的影响,而且在输入电压较小和较大情况下,运算精度变差。

4）实验内容

实验任务:实图 19.3 为三极管对数运算电路,研究输入信号为斜坡信号时三极管对数运算电路的特点。

（1）按照实图 19.3 搭建实验电路。输入的斜坡信号 u_i 采用三角波电压源,设置三角波电压源幅值为 1 V,周期为 1 ms,下降时间为 1 ns,其余参数采用默认值;电阻 $R = R' = R_L = 1\ k\Omega$;三极管型号选择 2N1711;运算放大器型号选择 UA741CD;UA741CD 的电源正接入端连接 V_{CC},设置电压值为 18 V,电源负接入端连接 V_{SS},设置电压值为 -18 V;

（2）运行实验,采用泰克示波器观察输入 u_i 和输出 u_o 的波形,并通过示波器的测量功能测量相关数据,记录波形和数据于实表 19.1 中;

（3）将仿真结果与理论值相比较，说明误差原因。

实表 19.1　实验数据

输入及输出波形	输出数据
	最大值： 最小值： 频率：

5）实验报告

（1）阐述集成运放的电压传输特性，说明集成运放的基本特点；

（2）阐述三极管对数运算电路的基本结构及输入输出关系，总结电路特点，记录实验波形及数据，补充完整实表 19.1；

（3）阐明"虚断"及"虚短"原则使用的前提条件，掌握使用该原则分析电路的方法，完成实验报告。

解答答案：

实表 19.1 数据如下表，其余内容详见实验原理部分。

输入及输出波形	输出数据
	最大值：−542.18 mV 最小值：−744.51 mV 频率：1 kHz

实验 20　集成运放的应用——集成对数运算电路

1）实验目的

（1）掌握"虚短""虚断"的概念；

（2）掌握集成运算放大器的基本特性及测量方法；

（3）熟悉集成对数运算电路的基本结构和工作原理；

（4）掌握运算放大器和示波器的使用方法。

2）实验器材

（1）V_{CC}

(2) Ground

(3) 三角波电压源

(4) 普通电阻

(5) 虚拟 NPN 晶体管

(6) 三端虚拟放大器

(7) 泰克示波器 TBS1102

3) 实验原理

(1) 集成运算放大器基本特性

集成运算放大器符号如实图 20.1 所示。设运算放大器"+"和"−"两输入端输入信号分别为 u_+ 和 u_-，它们的差为 $u_{id}=u_+-u_-$，输出信号为 u_o，则集成运放的电压传输特性如实图 20.2 所示。

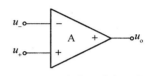

实图 20.1　集成运放电器符号

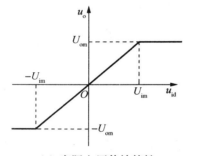
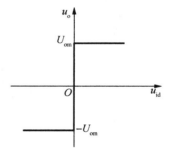

（a）实际电压传输特性　　　　（b）理想电压传输特性

实图 20.2　集成运放电压传输特性

由实图 20.2(a)可知，集成运放可工作在线性区($|u_{id}|<U_{im}$)和非线性区($|u_{id}|\geqslant U_{im}$)。在线性区，曲线的斜率为电压放大倍数 A_{ud}；在非线性区只有两种电压输出。通常集成运算放大器电压增益极高，所以线性区曲线的斜率极为陡峭，即使输入毫伏级以下的信号，也足以使输出电压饱和。

实图 20.2(b)为集成运放的理想电压传输特性，该理想电压传输特性显示了运算放大器作为电压比较器的工作方式，可用于判别 u_+ 和 u_- 电位的大小。

由集成运放的电压传输特性可知，集成运放的工作方式有两种：其一为线性放大方式，在此方式下，为保证输入一定范围电压信号的线性放大，必须减小运算放大器的电压增益，因此，集成运算放大器必须工作在负反馈状态下；其二为电压比较器方式，此时运算放大器必须工作在开环或正反馈状态。

(2) 集成运算放大器的"虚断""虚短"原则

理想集成运算放大器特性如下：① 开环电压增益为无穷大；② 输入阻抗为无穷大；③ 输出阻抗为 0；④ 带宽为无穷大；⑤ 共模抑制比为无穷大；⑥ 输入偏置电流为 0；⑦ 输入失调电压、输入失调电流及它们的漂移均为 0。

基于上述理想运放的基本特性，在进行电路分析时，要灵活应用"虚短"、"虚断"两个原则。

① "虚短"原则

理想运算放大器工作在线性状态时有：$u_o = A_{ud}(u_+ - u_-)$，而 $A_{ud} \to \infty$，所以

$$u_+ - u_- = u_o / A_{ud} \to 0$$

上式表明，理想运算放大器工作在线性放大方式时，同相输入端的电位 u_+ 与反相输入端电位 u_- 一样，好似它们两者"短路"一样。

理想运算放大器工作在非线性状态时，因为 $u_o \neq A_{ud}(u_+ - u_-)$，所以 $u_+ \neq u_-$。

"虚短"表示理想运放工作在线性状态时两输入端的电位相等。当某一个输入端的实际电位为"地"电位时，另一端可称之为"虚地"。

"虚短"原则只适用于运算放大器的线性应用状态，即运算放大器工作在负反馈状态下。

② "虚断"原则

由于理想运放的输入阻抗为无穷大，因此运放的两个输入端无电流流进（流出），如同两个输入端从运算放大器中"断开"了一样。该法则适用于理想运放的所有工作状态（线性和非线性工作状态）。

（3）集成运放的应用——集成对数运算电路

利用 PN 结伏安特性具有的指数规律，将二极管或三极管分别接入集成运放的反馈回路和输入回路，可以实现对数运算和指数运算。

二极管或三极管的对数运算电路均存在以下缺点：

① u_i 必须大于 0，输出电压 u_o 不超过 0.7 V；

② 因为 U_T 和 I_S 是温度的函数，故对数运算精度受温度的影响较大；

③ 小信号时 $e^{\frac{u_{BE}}{U_T}}$ 与 1 相差不大，因此误差大；

④ 大电流时，发射结伏安特性的指数特点不明显，故二极管或三极管对数运算电路只有在小电流时成立。

在上述分析下，搭建集成对数运算电路，根据差分电路的基本原理，利用特性相同的两个晶体管进行补偿，消去 I_S 对运算关系的影响。其电路图如实图 20.3 所示。

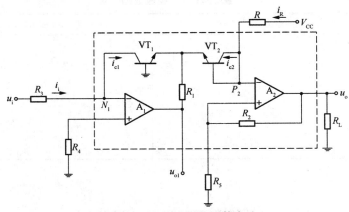

实图 20.3　集成对数运算电路

由"虚短""虚断"原则及节点电流方程可得：

$$\begin{cases} i_{C1} = i_i = \dfrac{u_i}{R_3} \approx I_s e^{\frac{u_{BE1}}{U_T}} \\[2mm] i_{C2} = i_R \approx \dfrac{V_{cc}}{R} \approx I_s e^{\frac{u_{BE2}}{U_T}} \\[2mm] u_{P_2} = u_{BE2} - u_{BE1} \\[2mm] u_o = \left(1 + \dfrac{R_2}{R_5}\right) u_{P_2} \end{cases}$$

整理得：

$$u_o \approx -\left(1 + \frac{R_2}{R_5}\right) U_T \ln\left(\frac{1}{I_R R_3} u_i\right) \approx -\left(1 + \frac{R_2}{R_5}\right) U_T \ln\left(\frac{V_{CC}}{R R_3} u_i\right)$$

从上式可以看出，集成对数运算电路增大了输出信号的动态范围。若 R_5 为热敏电阻，且具有正温度系数，即当温度升高时，R_5 阻值增大，使得放大倍数 $(1 + R_2 / R_5)$ 减小，以补偿 U_T 的增大，使 u_o 在 u_i 不变时基本不变。

4）实验内容

实验任务：实图 20.3 为集成对数运算电路，研究输入信号为斜坡信号时集成对数运算电路的特点。

（1）按照实图 20.3 搭建实验电路。输入的斜坡信号 u_i 采用三角波电压源，设置三角波电压源电压值为 1 V，周期为 1 ms，下降时间为 1 ns，其余参数采用默认值；虚拟 NPN 晶体管和三端虚拟放大器的参数均采用默认值；设置电阻 $R_2 = R_3 = R_4 = R_5 = R_L = R = 1$ kΩ，$R_1 = 1$ Ω；设置 V_{CC} 的电压值为 5 V；

（2）运行实验，采用泰克示波器观察输入 u_i 和输出 u_o 的波形，并通过示波器的测量功能测量相关数据，记录波形和数据于实表 20.1 中；

（3）将仿真结果与理论值相比较，说明误差原因。

实表 20.1 实验数据

输入及输出波形	输出数据
	最大值： 最小值：

5）实验报告

（1）阐述集成运放的电压传输特性，说明集成运放的基本特点；

（2）阐述集成对数运算电路的基本结构及输入输出关系，总结电路特点，记录实验波形及数据，补充完整实表 20.1；

（3）阐明"虚断"及"虚短"原则使用的前提条件，掌握使用该原则分析电路的方法，完成实验报告。

解答答案：

实表 20.1 数据如下表，其余内容详见实验原理部分。

输入及输出波形	输出数据
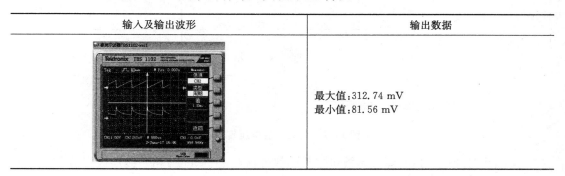	最大值：312.74 mV 最小值：81.56 mV

实验 21　集成运放的应用——指数运算电路

1）实验目的

（1）掌握"虚短""虚断"的概念；

（2）掌握集成运算放大器的基本特性及测量方法；

（3）熟悉指数运算电路的基本结构和工作原理；

（4）掌握运算放大器和示波器的使用方法。

2）实验器材

（1）V_{cc}

（2）V_{ss}

（3）Ground

（4）三角波电压源

（5）普通电阻

（6）NPN 晶体管 2N1711

（7）运算放大器 UA741CD

（8）泰克示波器 TBS1102

3）实验原理

（1）集成运算放大器基本特性

集成运算放大器符号如实图 21.1 所示。设运算放大器"＋"和"－"两输入端输入信号分别为 u_+ 和 u_-，它们的差为 $u_{id}＝u_+－u_-$，输出信号为 u_o，则集成运放的电压传输特性如实图 21.2 所示。

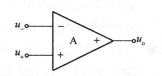

实图 21.1　集成运放电器符号

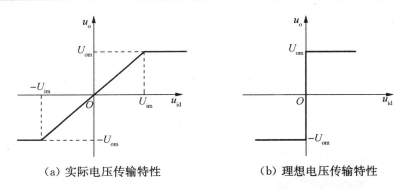

（a）实际电压传输特性　　　　　　　（b）理想电压传输特性

实图 21.2　集成运放电压传输特性

由实图 21.2(a)可知,集成运放可工作在线性区($|u_{id}|<U_{im}$)和非线性区($|u_{id}|\geqslant U_{im}$)。在线性区,曲线的斜率为电压放大倍数 A_{ud};在非线性区只有两种电压输出。通常集成运算放大器电压增益极高,所以线性区曲线的斜率极为陡峭,即使输入毫伏级以下的信号,也足以使输出电压饱和。

实图 21.2(b)为集成运放的理想电压传输特性,该理想电压传输特性显示了运算放大器作为电压比较器的工作方式,可用于判别 u_+ 和 u_- 电位的大小。

由集成运放的电压传输特性可知,集成运放的工作方式有两种:其一为线性放大方式,在此方式下,为保证输入一定范围电压信号的线性放大,必须减小运算放大器的电压增益,因此,集成运算放大器必须工作在负反馈状态下;其二为电压比较器方式,此时运算放大器必须工作在开环或正反馈状态。

(2) 集成运算放大器的"虚断""虚短"原则

理想集成运算放大器特性如下:① 开环电压增益为无穷大;② 输入阻抗为无穷大;③ 输出阻抗为 0;④ 带宽为无穷大;⑤ 共模抑制比为无穷大;⑥ 输入偏置电流为 0;⑦ 输入失调电压、输入失调电流及它们的漂移均为 0。

基于上述理想运放的基本特性,在进行电路分析时,要灵活应用"虚短"、"虚断"两个原则。

① "虚短"原则

理想运算放大器工作在线性状态时有:$u_o=A_{ud}(u_+-u_-)$,而 $A_{ud}\rightarrow\infty$,所以

$$u_+-u_-=u_o/A_{ud}\rightarrow 0$$

上式表明,理想运算放大器工作在线性放大方式时,同相输入端的电位 u_+ 与反相输入端电位 u_- 一样,好似它们两者"短路"一样。

理想运算放大器工作在非线性状态时,因为 $u_o\neq A_{ud}(u_+-u_-)$,所以 $u_+\neq u_-$。

"虚短"表示理想运放工作在线性状态时两输入端的电位相等。当某一个输入端的实际电位为"地"电位时,另一端可称之为"虚地"。

"虚短"原则只适用于运算放大器的线性应用状态,即运算放大器工作在负反馈状态下。

② "虚断"原则

由于理想运放的输入阻抗为无穷大,因此运放的两个输入端无电流流进(流出),如同两个输入端从运算放大器中"断开"了一样。该法则适用于理想运放的所有工作状态(线性和非线性工作状态)。

(3) 集成运放的应用—指数运算电路

利用 PN 结伏安特性具有的指数规律,将二极管或三极管分别接入集成运放的反馈回路和输入回路,可以实现对数运算和指数运算。

指数运算电路如实图 21.3 所示。由"虚短"、"虚断"原则及节点电流方程可得:

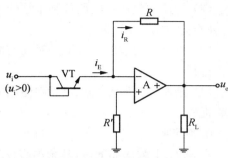

实图 21.3　基本指数运算电路

$$\begin{cases} i_R = i_E \approx I_s e^{\frac{u_{BE}}{U_T}} \\ u_{BE} = u_i \\ u_o = -R i_R \end{cases}$$

整理得:

$$u_o = -R I_s e^{\frac{u_i}{U_T}}$$

可见,为使晶体管导通,u_i 应大于零,且只能在发射结导通电压范围内,所以变化范围很小。由指数运算关系也可以看出,运算结果与受温度影响较大的 I_s 有关,因此指数运算精度也与温度有关。

4) 实验内容

实验任务:实图 21.3 为三极管指数运算电路,研究输入信号为斜坡信号时三极管指数运算电路的特点。

(1) 按照实图 21.3 搭建实验电路。输入的斜坡信号 u_i 采用三角波电压源;设置三角波电压源幅值为 1 V,周期为 1 ms,下降时间为 1 ns,其余参数采用默认值;电阻 $R = R' = R_L = 1$ kΩ;三极管型号选择 2N1711;运算放大器型号选择 UA741CD;UA741CD 的电源正接入端连接 V_{cc},设置电压值为 18 V,电源负接入端连接 V_{ss},设置电压值为 -18 V;

(2) 运行实验,采用泰克示波器观察输入 u_i 和输出 u_o 的波形,并通过示波器的测量功能测量相关数据,记录波形和数据于实表 21.1 中;

(3) 将仿真结果与理论值相比较,说明误差原因。

实表 21.1　实验数据

输入及输出波形	输出数据
	最大值: 最小值: 频率:

5）实验报告

（1）阐述集成运放的电压传输特性，说明集成运放的基本特点；

（2）阐述指数运算电路的基本结构及输入输出关系，总结电路特点，记录实验波形及数据，补充完整实表 21.1；

（3）设置三角波电压源下降时间为周期的一半时，分析指数运算电路的理论波形，给出计算过程；

（4）阐明"虚断"及"虚短"原则使用的前提条件，掌握使用该原则分析电路的方法，完成实验报告。

解答答案：

实表 21.1 数据如下表，其余内容详见实验原理部分。

输入及输出波形	输出数据
	最大值：27.7 mV 最小值：−13.20 V 频率：999.98 Hz

实验 22　集成运放的应用——乘法运算电路

1）实验目的

（1）掌握"虚短""虚断"的概念；

（2）掌握集成运算放大器的基本特性及测量方法；

（3）熟悉乘法运算电路的基本结构和工作原理；

（4）掌握运算放大器和示波器的使用方法。

2）实验器材

（1）直流电压源

（2）Ground

（3）普通电阻

（4）虚拟 NPN 晶体管

（5）三端虚拟放大器

（6）直流电压表

3) 实验原理

（1）集成运算放大器基本特性

集成运算放大器符号如实图 22.1 所示。设运算放大器 "+"和"−"两输入端输入信号分别为 u_+ 和 u_-，它们的差为 $u_{id}=u_+-u_-$，输出信号为 u_o，则集成运放的电压传输特性如实图 22.2 所示。

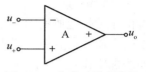

实图 **22.1** 集成运放电器符号

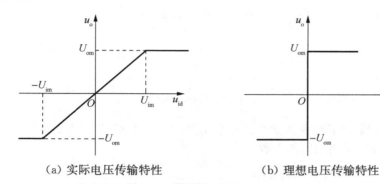

（a）实际电压传输特性   （b）理想电压传输特性

实图 **22.2** 集成运放电压传输特性

由实图 22.2(a) 可知，集成运放可工作在线性区（$|u_{id}|<U_{im}$）和非线性区（$|u_{id}|\geqslant U_{im}$）。在线性区，曲线的斜率为电压放大倍数 A_{ud}；在非线性区只有两种电压输出。通常集成运算放大器电压增益极高，所以线性区曲线的斜率极为陡峭，即使输入毫伏级以下的信号，也足以使输出电压饱和。

实图 22.2(b) 为集成运放的理想电压传输特性，该理想电压传输特性显示了运算放大器作为电压比较器的工作方式，可用于判别 u_+ 和 u_- 电位的大小。

由集成运放的电压传输特性可知，集成运放的工作方式有两种：其一为线性放大方式，在此方式下，为保证输入一定范围电压信号的线性放大，必须减小运算放大器的电压增益，因此，集成运算放大器必须工作在负反馈状态下；其二为电压比较器方式，此时运算放大器必须工作在开环或正反馈状态。

（2）集成运算放大器的"虚断""虚短"原则

理想集成运算放大器特性如下：① 开环电压增益为无穷大；② 输入阻抗为无穷大；③ 输出阻抗为 0；④ 带宽为无穷大；⑤ 共模抑制比为无穷大；⑥ 输入偏置电流为 0；⑦ 输入失调电压、输入失调电流及它们的漂移均为 0。

基于上述理想运放的基本特性，在进行电路分析时，要灵活应用"虚短"、"虚断"两个原则。

① "虚短"原则

理想运算放大器工作在线性状态时有：$u_o=A_{ud}(u_+-u_-)$，而 $A_{ud}\rightarrow\infty$，所以

$$u_+-u_-=u_o/A_{ud}\rightarrow 0$$

上式表明，理想运算放大器工作在线性放大方式时，同相输入端的电位 u_+ 与反相输入端电位 u_- 一样，好似它们两者"短路"一样。

理想运算放大器工作在非线性状态时，因为 $u_o\neq A_{ud}(u_+-u_-)$，所以 $u_+\neq u_-$。

"虚短"表示理想运放工作在线性状态时两输入端的电位相等。当某一个输入端的实

际电位为"地"电位时,另一端可称之为"虚地"。

"虚短"原则只适用于运算放大器的线性应用状态,即运算放大器工作在负反馈状态下。

② "虚断"原则

由于理想运放的输入阻抗为无穷大,因此运放的两个输入端无电流流进(流出),如同两个输入端从运算放大器中"断开"了一样。该法则适用于理想运放的所有工作状态(线性和非线性工作状态)。

(3) 集成运放的应用—乘法运算电路

利用对数和指数运算电路可以实现乘法及除法运算电路。

乘法原理为:

$$u_{o} = u_1 \cdot u_2 = e^{\ln(u_1 \cdot u_2)} = e^{\ln u_1 + \ln u_2}$$

除法原理为:

$$u_{o} = \frac{u_1}{u_2} = e^{\ln \frac{u_1}{u_2}} = e^{\ln u_1 - \ln u_2}$$

采用对数和指数运算电路实现乘法运算电路的方框图如实图 22.3 所示,具体电路如实图 22.4,其中三极管采用相同的参数。

实图 22.3　乘法运算电路的方框图

在实图 22.4 所示的乘法运算电路中,得到如下方程组:

$$\begin{cases} u_{o1} \approx -U_{T} \ln \dfrac{u_{i1}}{R_{i}I_{s}} \\[2mm] u_{o2} \approx -U_{T} \ln \dfrac{u_{i2}}{R_{i}I_{s}} \\[2mm] u_{o3} = -(u_{o1} + u_{o2}) \\[2mm] u_{o} = -R_{o}I_{s}e^{\frac{u_{o3}}{U_{T}}} \end{cases}$$

（实图 22.4）
实图 22.4　乘法运算电路

整理得到乘法运算电路的输出为：

$$u_\text{o} = -R_\text{o} \frac{u_\text{i1} \cdot u_\text{i2}}{R_\text{i}^2 I_\text{s}}$$

4）实验内容

实验任务：实图 22.4 为乘法运算电路，研究乘法运算电路的运算关系式及输入电压的动态范围。

（1）按照实图 22.4 搭建实验电路。输入信号 u_i1 和 u_i2 均采用直流电压源，设置 u_i1 直流电压值为 $u_\text{i1} = 10\ \text{mV}$，$u_\text{i2}$ 按照实表 22.1 进行设置；设置电阻 $R_\text{i} = 10\ \text{M}\Omega$，$R_1 = R_2 = R_4 = 1\ \text{k}\Omega$，$R_3 = 3.3\ \Omega$，$R = R_\text{o} = 10\ \Omega$；NPN 晶体管 $\text{VT}_1 \sim \text{VT}_3$ 采用虚拟 NPN 晶体管，参数采用默认值；运算放大器 $A_1 \sim A_4$ 均采用三端虚拟放大器，参数均采用默认值；

（2）运行实验，采用直流电压表分别测量输入信号 u_i2 和输出信号 u_o 的电压值，记录相应数据于实表 22.1 中；

（3）补充完整实表 22.1，将仿真结果与理论值相比较，说明误差原因。

实表 22.1　乘法运算电路仿真实验数据

输入电压 u_i2(mV)		1	2	5	10	20	50	80	100	200	300
输出电压 u_o	测量值(V)										
	理论值(V)										
	误差										
输入电压 u_i2(mV)		400	500	600	700	750	780	800	850	900	1000
输出电压 u_o	测量值(V)										
	理论值(V)										
	误差										

注：虚拟 NPN 晶体管参数均采用默认值，在进行理论值计算时，查看其饱和电流 $I_\text{s} = 1.0\text{E}-16$。

5）实验报告

（1）阐述集成运放的电压传输特性，说明集成运放的基本特点，阐明"虚断"及"虚短"原则使用的前提条件，掌握使用该原则分析电路的方法；

（2）阐述采用对数和指数运算电路搭建乘法运算电路的原理，熟悉其输入输出运算关系，总结电路特点，记录实验数据，补充完整实表 22.1；

（3）分析乘法运算电路的输入电压动态范围，分析原因，完成实验报告。

解答答案：

实表 22.1 数据如下表，其余内容详见实验原理部分。

输入电压 u_i2(mV)		1	2	5	10	20	50	80	100	200	300
输出电压 u_o	测量值(V)	−10.01m	−20.09m	−50.33m	−100.72m	−201.50m	−503.72m	−805.76m	−1.01	−2.01	−3.02
	理论值(V)	−10m	−20m	−50m	−100m	−200m	−500m	−800m	−1	−2	−3
	误差	0.1%	0.45%	0.66%	0.72%	0.75%	0.74%	0.72%	1%	0.5%	0.67%

（续表）

输入电压 u_{i2} (mV)		400	500	600	700	750	780	800	850	900	1 000
输出电压 u_o	测量值(V)	−4.02	−5.02	−6.01	−6.03	−6.03	−6.03	−6.03	−6.03	−6.03	−6.03
	理论值(V)	−4	−5	−6	−7	−7.5	−7.8	−8	−8.5	−9	−10
	误差	0.5%	0.4%	0.17%	13.86%	19.6%	22.69%	24.63%	29.06%	33%	39.7%

实验 23　集成运放的应用——除法运算电路

1）实验目的

（1）掌握"虚短""虚断"的概念；
（2）掌握集成运算放大器的基本特性及测量方法；
（3）熟悉除法运算电路的基本结构和工作原理；
（4）掌握运算放大器和示波器的使用方法。

2）实验器材

（1）直流电压源
（2）Ground
（3）普通电阻
（4）虚拟 NPN 晶体管
（5）三端虚拟放大器
（6）直流电压表

3）实验原理

（1）集成运算放大器基本特性

集成运算放大器符号如实图 23.1 所示。设运算放大器"＋"和"－"两输入端输入信号分别为 u_+ 和 u_-，它们的差为 $u_{id} = u_+ - u_-$，输出信号为 u_o，则集成运放的电压传输特性如实图 23.2 所示。

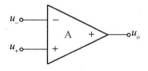

实图 23.1　集成运放电器符号

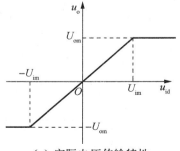

（a）实际电压传输特性

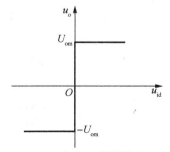

（b）理想电压传输特性

实图 23.2　集成运放电压传输特性

由实图 23.2(a)可知，集成运放可工作在线性区（$|u_{id}| < U_{im}$）和非线性区（$|u_{id}| \geqslant U_{im}$）。

在线性区,曲线的斜率为电压放大倍数 A_{ud};在非线性区只有两种电压输出。通常集成运算放大器电压增益极高,所以线性区曲线的斜率极为陡峭,即使输入毫伏级以下的信号,也足以使输出电压饱和。

实图 23.2(b)为集成运放的理想电压传输特性,该理想电压传输特性显示了运算放大器作为电压比较器的工作方式,可用于判别 u_+ 和 u_- 电位的大小。

由集成运放的电压传输特性可知,集成运放的工作方式有两种:其一为线性放大方式,在此方式下,为保证输入一定范围电压信号的线性放大,必须减小运算放大器的电压增益,因此,集成运算放大器必须工作在负反馈状态下;其二为电压比较器方式,此时运算放大器必须工作在开环或正反馈状态。

(2) 集成运算放大器的"虚断""虚短"原则

理想集成运算放大器特性如下:① 开环电压增益为无穷大;② 输入阻抗为无穷大;③ 输出阻抗为 0;④ 带宽为无穷大;⑤ 共模抑制比为无穷大;⑥ 输入偏置电流为 0;⑦ 输入失调电压、输入失调电流及它们的漂移均为 0。

基于上述理想运放的基本特性,在进行电路分析时,要灵活应用"虚短"、"虚断"两个原则。

① "虚短"原则

理想运算放大器工作在线性状态时有:$u_o = A_{ud}(u_+ - u_-)$,而 $A_{ud} \to \infty$,所以

$$u_+ - u_- = u_o / A_{ud} \to 0$$

上式表明,理想运算放大器工作在线性放大方式时,同相输入端的电位 u_+ 与反相输入端电位 u_- 一样,好似它们两者"短路"一样。

理想运算放大器工作在非线性状态时,因为 $u_o \neq A_{ud}(u_+ - u_-)$,所以 $u_+ \neq u_-$。

"虚短"表示理想运放工作在线性状态时两输入端的电位相等。当某一个输入端的实际电位为"地"电位时,另一端可称之为"虚地"。

"虚短"原则只适用于运算放大器的线性应用状态,即运算放大器工作在负反馈状态下。

② "虚断"原则

由于理想运放的输入阻抗为无穷大,因此运放的两个输入端无电流流进(流出),如同两个输入端从运算放大器中"断开"了一样。该法则适用于理想运放的所有工作状态(线性和非线性工作状态)。

(3) 集成运放的应用—除法运算电路

利用对数和指数运算电路可以实现乘法及除法运算电路。

乘法原理为:

$$u_o = u_1 \cdot u_2 = e^{\ln(u_1 \cdot u_2)} = e^{\ln u_1 + \ln u_2}$$

除法原理为:

$$u_o = \frac{u_1}{u_2} = e^{\ln \frac{u_1}{u_2}} = e^{\ln u_1 - \ln u_2}$$

采用对数和指数运算电路实现除法运算电路,其方框图如实图 23.3 所示,具体电路如实图 23.4,其中三极管参数相同。

实图 23.3　除法运算电路的方框图

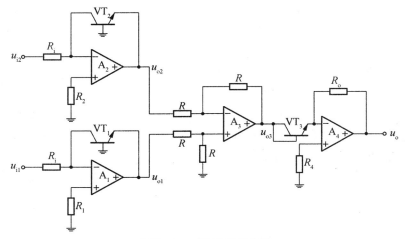

实图 23.4　除法运算电路

在实图 23.4 所示的除法运算电路中,有如下方程组成立:

$$\begin{cases} u_{o1} \approx -U_T \ln \dfrac{u_{i1}}{R_i I_s} \\[2mm] u_{o2} \approx -U_T \ln \dfrac{u_{i2}}{R_i I_s} \\[2mm] u_{o3} = u_{o1} - u_{o2} \\[2mm] u_o = -R_o I_s e^{\frac{u_{o3}}{U_T}} \end{cases}$$

整理得到除法运算电路的关系式:

$$u_o = -R_o I_s \dfrac{u_{i2}}{u_{i1}}$$

4)实验内容

实验任务:实图 23.4 为除法运算电路,研究除法运算电路的运算关系式及输入电压的动态范围。

(1)按照实图 23.4 搭建实验电路。设置输入电压源 u_{i1} 为直流电压源 1,其幅值为 $u_{i1} = 0.1$ mV;输入电压源 u_{i2} 为直流电压源 2,其幅值按照实表 23.1 进行设置;

(2)晶体管 VT_1、VT_2、VT_3 选用虚拟 NPN 晶体管,运放 A_1、A_2、A_3、A_4 选用三端虚拟放大器,设置电阻 R_i、R_o 阻值为 10 MΩ,电阻 R 阻值为 10 Ω,电阻 $R_1 = R_2 = R_4 = 1$ kΩ;

(3)运行实验,采用直流电压表分别测量 u_{i2} 和 u_o 的电压值,记录于表 1 中;

(4)将仿真结果与理论值相比较,说明误差原因。

实表 23.1　除法运算电路仿真实验数据

输入电压 u_{i2}(kV)		1e−5	1e−4	0.001	0.01	0.1	1	10	50	100	200
输出电压 u_o	测量值(V)										
	理论值(V)										
	误差										
输入电压 u_{i2}(kV)		500	700	800	900	1 000	1 010	1 050	1 100	1 200	1 300
输出电压 u_o	测量值(V)										
	理论值(V)										
	误差										

注:虚拟 NPN 晶体管参数均采用默认值,在进行理论值计算时,查看其饱和电流 $I_s = 1.0E−16$。

5) 实验报告

（1）阐述集成运放的电压传输特性,说明集成运放的基本特点,阐明"虚断"及"虚短"原则使用的前提条件,掌握使用该原则分析电路的方法;

（2）阐述采用对数和指数运算电路搭建除法运算电路的原理,熟悉其输入输出运算关系,总结电路特点,记录实验数据,补充完整实表 23.1;

（3）分析除法运算电路的输入电压动态范围,分析原因,完成实验报告。

解答答案:

实表 23.1 数据如下表,其余内容详见实验原理部分。

输入电压 u_{i2}(kV)		1e−5	1e−4	0.001	0.01	0.1	1	10	50	100	200
输出电压 u_o	测量值(V)	−1.31μ	−2.85μ	−12.96μ	−108.66μ	−1.06m	−10.57m	−105.66m	−528.21m	−1.06	−2.11
	理论值(V)	−0.1μ	−1μ	−10μ	−100μ	−1m	−10m	−100m	−500m	−1	−2
	误差	1200%	185%	29.6%	8.66%	6%	5.7%	5.66%	5.64%	6%	5.5%
输入电压 u_{i2}(kV)		500	700	800	900	1 000	1 010	1 050	1 100	1 200	1 300
输出电压 u_o	测量值(V)	−5.28	−7.38	−8.44	−9.49	−10.54	−10.65	−11.07	−11.6	−12.06	−12.06
	理论值(V)	−5	−7	−8	−9	−10	−10.1	−10.5	−11	−12	−13
	误差	5.6%	5.43%	5.5%	5.44%	5.4%	5.45%	5.43%	5.45%	0.5%	7.23%

实验 24　过零比较器电压传输特性的测量

1) 实验目的

（1）掌握过零比较器的电压传输特性;

（2）掌握基于集成运放的过零比较器的电路结构及特点。

2) 实验器材

（1）交流电压源

（2）Ground
（3）三端虚拟放大器
（4）双通道示波器

3）实验原理

过零比较器电路如实图 24.1(a)所示,此时集成运放工作在开环状态,阈值电压 $U_T =$ 0 V,输出电压为 $+U_{OM}$ 或 $-U_{OM}$,其中 $+U_{OM}$、$-U_{OM}$ 分别代表运放的正向、反向电压摆幅。当输入电压 $u_i < 0$ 时,$U_O = +U_{OM}$;当 $u_i > 0$ 时,$U_O = -U_{OM}$。因此,过零比较器的电压传输特性如实图 24.1(b)所示。若想获得 u_o 跃变方向相反的电压传输特性,则可以在实图24.1(a)所示电路中将反相输出端接地,而在同相输入端接入输入电压。

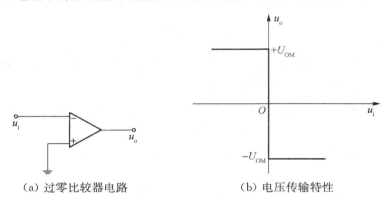

（a）过零比较器电路　　　　（b）电压传输特性

实图 24.1　过零比较器及其电压传输特性

4）实验内容

实验任务:测量过零比较器的电压传输特性。

（1）按照实图 24.1(a)设计过零比较器电路,运放选用三端虚拟放大器,设置其正向最大输出电压为 12 V,负向最大输出电压为 -12 V;u_i 采用交流电压源,设置其峰值电压为 1 V,频率为 1 kHz,其余参数采用默认值;

（2）采用双通道示波器观察 u_i、u_o 波形:将双通道示波器的 A 通道连接运放的 u_i 输入端,B 通道连接运放的 u_o 输出端;

（3）单击运行实验,调节示波器量程,观察并记录在 Y/T 模式和 B/A 模式下输入及输出波形于实表 24.1 中,通过示波器光标读取波形相关数据,记录于实表 24.1 中;

（4）将过零比较器的电压传输特性曲线与理论值相比较,阐述理论计算过程。

实表 24.1　过零比较器电压传输特性测量实验数据

	输出数据			输入及输出波形	
	测量值	理论值	误差	Y/T 模式	B/A 模式
最大值					
最小值					
频率					

5）实验报告

（1）阐述过零比较器工作原理；

（2）记录过零比较器的电压传输特性曲线，并与理论结果相比较，补充完整实表 24.1，阐明理论计算过程，完成实验报告。

解答答案：

实表 24.1 数据如下表，其余内容详见实验原理部分。

	输出数据			输入及输出波形	
	测量值	理论值	误差	Y/T 模式	B/A 模式
最大值	12.11 V	12 V	0.92%	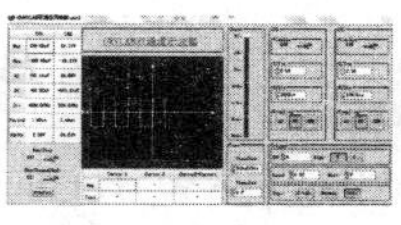	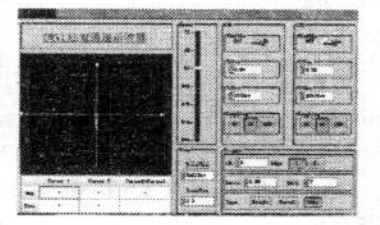
最小值	−12.11 V	−12 V	0.92%		
频率	1 kHz	1 kHz	0		

实验 25　滞回比较器电压传输特性的测量

1）实验目的

（1）掌握滞回比较器的电压传输特性；

（2）掌握基于集成运放的滞回比较器的电路结构及特点。

2）实验器材

（1）V_{CC}

（2）V_{SS}

（3）Ground

（4）交流电压源

（5）普通电阻

（6）虚拟稳压二极管

（7）UA741CD

（8）双通道示波器

3）实验原理

基于集成运放的滞回比较器电路及电压传输特性如实图 25.1 所示。

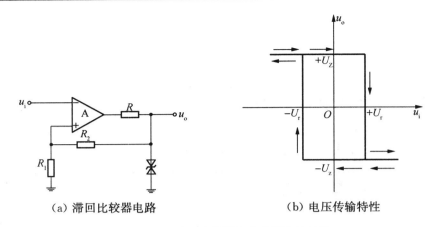

（a）滞回比较器电路　　　　　　　　　（b）电压传输特性

实图 25.1　滞回比较器及其电压传输特性

由实图 25.1(a)可以看出,滞回比较电路中引入了正反馈。从集成运放输出端的限幅电路可以看出,$u_o = \pm U_Z$。集成运放反相输入端电位 $u_N = u_i$,同相输入端电位为:

$$u_P = \frac{R_1}{R_1 + R_2} U_Z$$

令 $u_N = u_P = 0$,求出的 u_i 即为阈值电压,即:

$$\pm U_T = \pm \frac{R_1}{R_1 + R_2} U_Z$$

从电压传输特性曲线上可以看出,当 $-U_T < u_i < +U_T$ 时,u_o 可能是 $+U_Z$,也可能是 $-U_Z$。如果 u_i 是从小于 $-U_T$ 的值逐渐增大到 $+U_Z$,则 u_o 应为 $+U_Z$;如果 u_i 是从大于 $+U_T$ 的值逐渐减小到 $-U_T$,则 u_o 应为 $-U_Z$;曲线具有方向性,如实图 25.1(b)中箭头所标注。

4) 实验内容

实验任务:测量滞回比较器的电压传输特性。

(1) 按照实图 25.1(a)设计滞回比较器电路,运放选用 UA741CD,V_+ 端接 V_{CC},V_- 端接 V_{SS},双向稳压二极管由两个虚拟稳压二极管相对连接来代替,u_i 端输入交流电压源;

(2) 设置 V_{CC} 电压值为 18 V,V_{SS} 电压值为 -18 V;交流电压源峰值为 15 V,频率为 1 kHz,其余参数采用默认值;设置虚拟稳压二极管稳压值为 10 V,其余参数采用默认值;设置电阻 $R_1 = R_2 = R = 1$ kΩ;

(3) 采用双通道示波器观察 u_i、u_o 波形:将双通道示波器的 A 通道连接运放的 u_i 输入端,B 通道连接运放的 u_o 输出端;

(4) 单击运行实验,调节示波器量程,观察并记录在 Y/T 模式和 B/A 模式下的输入及输出波形,通过示波器光标读取波形相关数据,记录于实表 25.1 中;

(5) 将滞回比较器的电压传输特性曲线与理论值相比较,阐述理论计算过程。

实表 25.1　滞回比较器电压传输特性测量实验数据

	输出数据			输入及输出波形	
	测量值	理论值	误差	Y/T 模式	B/A 模式
最大值					
最小值					
频率					

5）实验报告

（1）阐述滞回比较器工作原理；

（2）记录滞回比较器的电压传输特性曲线，并与理论结果相比较，阐明理论计算过程，完成实验报告。

解答答案：

实表 25.1 数据如下表，其余内容详见实验原理部分。

	输出数据			输入及输出波形	
	测量值	理论值	误差	Y/T 模式	B/A 模式
最大值	10.44 V	10	4.4%	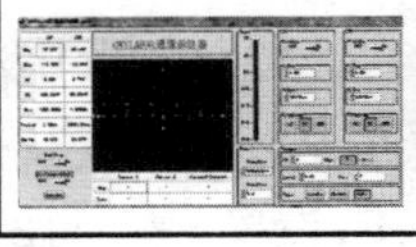	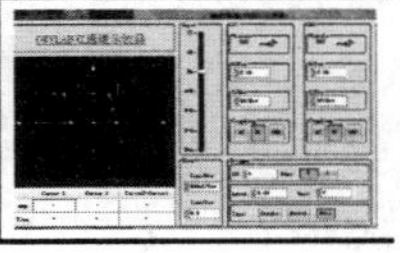
最小值	−10.44 V	−10	4.4%		
频率	1 kHz	1 kHz	0		

实验 26　共射放大电路研究

1）实验目的

（1）掌握共射放大电路的电路组成；

（2）掌握静态工作点设置的必要性；

（3）掌握泰克示波器 TBS1102 的使用方法。

2）实验器材

（1）V_{CC}

（2）交流电压源

（3）Ground

（4）普通电阻

（5）电解电容

（6）NPN 晶体管 2N2222

（7）直流电压表

（8）直流电流表

（9）泰克示波器 TBS1102

3）实验原理

（1）设置静态工作点的必要性

在放大电路中,当有信号输入时,交流量与直流量共存。将输入信号设为零,即直流电源单独作用时,晶体管的基极电流 I_B、集电极电流 I_C、b、e 间电压 U_{BE}、管压降 U_{CE} 称为放大电路的静态工作点 Q,常将四个物理量记作 I_{BQ}、I_{CQ}、U_{BEQ}、U_{CEQ}。设置合适的静态工作点,以保证放大电路不产生失真。在近似估算中常认为 U_{BEQ} 为已知量,对于硅管,取 $|U_{BEQ}|$ 为 0.6~0.8 V 中的某一值,如 0.7 V;对于锗管,取 $|U_{BEQ}|$ 为 0.1~0.3 V 中的某一值。

（2）共射放大电路

实图 26.1 为共射放大电路。共射放大电路的电压放大是利用晶体管的电流放大作用,并依靠 R_c 将电流的变化转化成电压的变化来实现的。

4）实验内容

实验任务:实图 26.1 为共射放大电路,研究共射放大电路的基本特点。

（1）参数设置:设置交流电压源峰值为 10 mV,频率为 1 kHz,其余参数采用默认值;设置电解电容容值 $C_1=C_2=1\ \mu F$;设置 $V_{CC}=12$ V;设置电阻$R_b=$4.7 kΩ,$R_c=10\ \Omega$,$R_L=10$ kΩ;NPN 晶体管选用型号 2N2222;

（2）测量静态工作点:将交流电压源做短路处理,电解电容做开路处理,采用直流电压表及直流电流表分别测量 I_{BQ}、I_{CQ}、U_{BEQ}、U_{CEQ},记录相应数据于实表 26.1 中,其中直流电压表和直流电流表内阻均采用默认值(注:电压表需并联在电路中,电流表需串联在电路中);

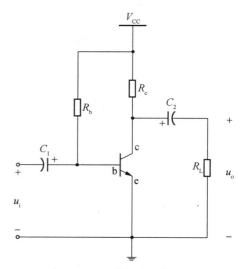

实图 26.1　共射放大电路

实表 26.1　静态工作点测量数据

物理量	U_{BEQ}	I_{BQ}	I_{CQ}	U_{CEQ}
测量值				

（3）波形观察:采用泰克示波器 TBS1102 测量 u_i 及 u_o 波形,并通过测量光标测量相应波形数据,记录相应数据于实表 26.2 中。

表 26.2　波形及波形数据

项　目	波形 （u_i 及 u_o）	波形数据		
		周期	峰-峰值	交流有效值
输入信号 u_i				
输出信号 u_o				

5）实验报告

（1）阐述静态工作点设置的必要性；

（2）阐述共射放大电路的电路原理；

（3）补充完整实表 26.1 和实表 26.2，并计算共射直流电流放大倍数，完成实验报告。

解答答案：

（1）必要性：设置合适的静态工作点以保证放大电路不产生失真；

（2）共射放大电路的电压放大是晶体管的电流放大作用，并依靠 R_c 将电流的变化转化成电压的变化来实现的；

（3）实表 26.1 及实表 26.2 数据分别如下表，共射直流电流放大倍数 $\bar{\beta} \approx \dfrac{I_{CQ}}{I_{BQ}} = \dfrac{321.77}{2.38} = 135$。

物理量	U_{BEQ}	I_{BQ}	I_{CQ}	U_{CEQ}
测量值	819.63 mV	2.38 mA	321.77 mA	8.78 V

项　目	波形 （u_i 及 u_o）	波形数据		
		周期	峰-峰值	交流有效值
输入信号 u_i		1 ms	19.99 mV	7.07 mV
输出信号 u_o		1 ms	96.74 mV	34.29 mV

波形如下图，其中，黄色为 u_i，绿色为 u_o。

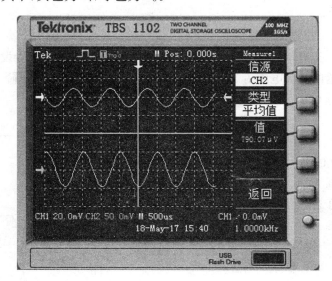

实验 27 共基放大电路研究

1）实验目的

（1）掌握共基放大电路的电路组成；
（2）掌握设置静态工作点的必要性；
（3）掌握泰克示波器 TBS1102 的使用方法。

2）实验器材

（1）V_{CC}
（2）交流电压源
（3）Ground
（4）普通电阻
（5）电解电容
（6）NPN 晶体管 2N2923
（7）直流电压表
（8）直流电流表
（9）泰克示波器 TBS1102

3）实验原理

（1）设置静态工作点的必要性

在放大电路中，当有信号输入时，交流量与直流量共存。将输入信号设为零，即直流电源单独作用时，晶体管的基极电流 I_B、集电极电流 I_C、b、e 间电压 U_{BE}、管压降 U_{CE} 称为放大电路的静态工作点 Q，常将四个物理量记作 I_{BQ}、I_{CQ}、U_{BEQ}、U_{CEQ}。设置合适的静态工作点，以保证放大电路不产生失真。在近似估算中常认为 U_{BEQ} 为已知量，对于硅管，取 $|U_{BEQ}|$ 为 0.6～0.8 V 中的某一值，如 0.7 V；对于锗管，取 $|U_{BEQ}|$ 为 0.1～0.3 V 中的某一值。

（2）共基放大电路

共基放大电路的基本特点是输入、输出信号相位相同，电流放大系数接近 1，常用于高频信号放大和电压调节电路，电路的工作频带较宽。基本共基放大电路如实图 27.1 所示。

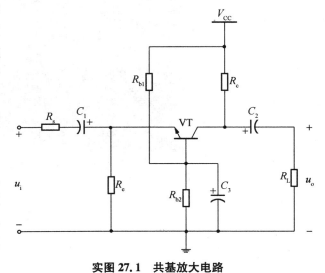

实图 27.1 共基放大电路

4）实验内容

实验任务：实图 27.1 为共基放大电路，研究共基放大电路的基本特点。

（1）参数设置：设置交流电压源峰值为 10 mV，频率为 1 kHz，其余参数采用默认值；设置 $V_{CC}=10$ V；设置电解电容容值 $C_1=10$ μF，$C_2=C_3=100$ nF；设置电阻 $R_s=R_e=2$ kΩ，$R_{b1}=22$ kΩ，$R_{b2}=10$ kΩ，$R_c=3$ kΩ，$R_L=27$ kΩ；NPN 晶体管选用型号 2N2923；

（2）测量静态工作点：将交流电压源做短路处理，电解电容做开路处理，采用直流电压表及直流电流表分别测量 I_{BQ}、I_{EQ}、U_{BEQ}、U_{CEQ}，记录相应数据于实表 27.1 中，其中直流电压表和直流电流表内阻均采用默认值（注：电压表需并联在电路中，电流表需串联在电路中）。

实表 27.1　静态工作点测量数据

物理量	U_{BEQ}	I_{BQ}	I_{EQ}	U_{CEQ}
测量值				

（3）波形观察：采用泰克示波器 TBS1102 测量 u_i 及 u_o 波形，并通过测量光标测量相应波形数据，记录相应数据于实表 27.2 中。

实表 27.2　波形及波形数据

项　目	波形 (u_i 及 u_o)	波形数据		
		周期	峰-峰值	交流有效值
输入信号 u_i				
输出信号 u_o				

5）实验报告

（1）阐述设置静态工作点的必要性；

（2）阐述共基放大电路的特点；

（3）补充完整实表 27.1 和实表 27.2，完成实验报告。

解答答案：

（1）必要性：设置合适的静态工作点以保证放大电路不产生失真；

（2）共基放大电路的基本特点是输入、输出信号相位相同，电流放大系数接近 1；

（3）实表 27.1 及实表 27.2 数据分别如下表。

物理量	U_{BEQ}	I_{BQ}	I_{EQ}	U_{CEQ}
测量值	653.08 mV	8.98 uA	1.21 mA	4 V

项　目	波形 (u_i 及 u_o)	波形数据		
		周期	峰-峰值	交流有效值
输入信号 u_i		1 ms	20 mV	7.07 mV
输出信号 u_o		1 ms	26.05 mV	9.23 mV

波形如下图,其中,黄色为 u_i,绿色为 u_o。

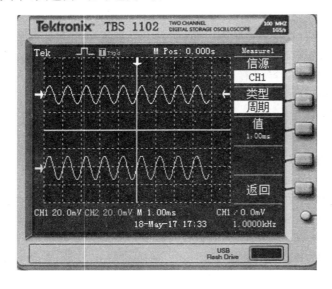

实验 28　共集放大电路研究

1）实验目的

（1）掌握共集放大电路的组成；

（2）掌握设置静态工作点的必要性；

（3）掌握泰克示波器 TBS1102 的使用方法。

2）实验器材

（1）V_{CC}

（2）交流电压源

（3）Ground

（4）普通电阻

（5）电解电容

（6）NPN 晶体管 2N1711

（7）直流电压表

（8）直流电流表

（9）泰克示波器 TBS1102

3）实验原理

（1）设置静态工作点的必要性

在放大电路中,当有信号输入时,交流量与直流量共存。将输入信号设为零,即直流电源单独作用时,晶体管的基极电流 I_B、集电极电流 I_C、b、e 间电压 U_{BE}、管压降 U_{CE} 称为放大

电路的静态工作点 Q,常将四个物理量记作 I_{BQ}、I_{CQ}、U_{BEQ}、U_{CEQ}。设置合适的静态工作点,以保证放大电路不产生失真。在近似估算中常认为 U_{BEQ} 为已知量,对于硅管,取 $|U_{BEQ}|$ 为 $0.6\sim0.8$ V 中的某一值,如 0.7 V;对于锗管,取 $|U_{BEQ}|$ 为 $0.1\sim0.3$ V 中的某一值。

（2）共集放大电路

共集放大电路又叫做射极跟随器或电压跟随器,其基本结构如实图 28.1 所示。共集放大电路输入电阻大,输出电阻小,因而从信号源索取的电流小而且带负载能力强,所以常用于多级放大电路的输入级和输出级,也可用它来连接两电路,减小电路间直接相连所带来的影响,起缓冲作用。

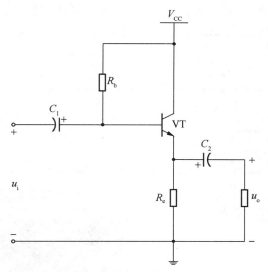

实图 28.1　共集放大电路

4）实验内容

实验任务:实图 28.1 为共集放大电路,研究共集放大电路的基本特点。

（1）参数设置:设置交流电压源峰值为 1 V,频率为 1 kHz,其余参数采用默认值;设置 $V_{CC}=10$ V;设置电解电容容值 $C_1=C_2=10$ μF;设置电阻 $R_b=50$ kΩ,$R_e=50$ Ω,$R_L=27$ kΩ;NPN 晶体管选用型号 2N1711;

（2）测量静态工作点:将交流电压源做短路处理,电解电容做开路处理,采用直流电压表及直流电流表分别测量 I_{BQ}、I_{EQ}、U_{BEQ}、U_{CEQ},记录相应数据于实表 28.1 中,其中直流电压表和直流电流表内阻均采用默认值(注:电压表需并联在电路中,电流表需串联在电路中);

实表 28.1　静态工作点测量数据

物理量	U_{BEQ}	I_{BQ}	I_{EQ}	U_{CEQ}
测量值				

（3）波形观察:采用泰克示波器 TBS1102 测量 u_i 及 u_o 波形,并通过测量光标测量相应波形数据,记录相应数据于实表 28.2 中。

实表 28.2　波形及波形数据

项　目	波形 (u_i 及 u_o)	波形数据		
		周期	峰—峰值	交流有效值
输入信号 u_i				
输出信号 u_o				

5）实验报告

（1）阐述设置静态工作点的必要性;

（2）阐述共集放大电路的特点;

(3) 补充完整实表 28.1 和实表 28.2,完成实验报告。

解答答案:

(1) 必要性:设置合适的静态工作点以保证放大电路不产生失真;

(2) 共集放大电路输入电阻大,输出电阻小,带负载能力强;

(3) 实表 28.1 及实表 28.2 数据如下表,波形如下图,其中,黄色为 u_i,绿色为 u_o。

物理量	U_{BEQ}	I_{BQ}	I_{EQ}	U_{CEQ}
测量值	825.12 mV	154.23 μA	28.94 mA	8.55 V

项 目	波形 (u_i 及 u_o)	波形数据		
		周期	峰-峰值	交流有效值
输入信号 u_i		1 ms	2 V	707.19 mV
输出信号 u_o		1 ms	1.94 V	688.18 mV

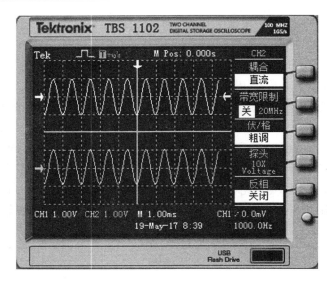

实验 29 共射-共基放大电路研究

1) 实验目的

(1) 掌握共射-共基放大电路的基本结构;

(2) 掌握共射-共基放大电路的特点;

(3) 掌握设置静态工作点的必要性;

(4) 掌握双通道示波器的使用方法。

2) 实验器材

(1) V_α

（2）Ground

（3）交流电压源

（4）普通电阻

（5）电解电容

（6）NPN 晶体管 2N2222

（7）直流电压表

（8）直流电流表

（9）双通道示波器

3）实验原理

（1）设置静态工作点的必要性

在放大电路中，当有信号输入时，交流量与直流量共存。将输入信号设为零，即直流电源单独作用时，晶体管的基极电流 I_B、集电极电流 I_C、b、e 间电压 U_{BE}、管压降 U_{CE} 称为放大电路的静态工作点 Q，常将四个物理量记作 I_{BQ}、I_{CQ}、U_{BEQ}、U_{CEQ}。设置合适的静态工作点，以保证放大电路不产生失真。在近似估算中常认为 U_{BEQ} 为已知量，对于硅管，取 $|U_{BEQ}|$ 为 0.6～0.8 V 中的某一值，如 0.7 V；对于锗管，取 $|U_{BEQ}|$ 为 0.1～0.3 V 中的某一值。

（2）共射-共基放大电路

将共射电路与共基电路组合在一起，既保持共射放大电路的电压放大能力较强的优点，又获得共基放大电路较好的高频特性。实图 29.1 为共射-共基放大电路，其中 VT$_1$ 组成共射电路，VT$_2$ 组成共基电路，由于 VT$_1$ 管以输入电阻小的共基电路为负载，使 VT$_1$ 管集电结电容对输入回路的影响减小，从而使共射电路高频特性得到改善。

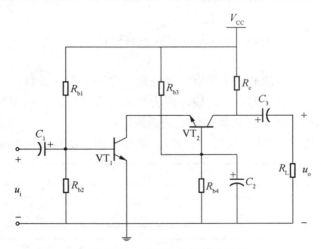

实图 29.1　共射-共基放大电路

4）实验内容

实验任务：实图 29.1 为共射-共基放大电路，研究共射-共基放大电路的特点。

（1）**参数设置**：设置交流电压源峰值为 10 mV，频率为 1 kHz，其余参数采用默认值；设

置 $V_{CC}=12$ V;设置电解电容容值 $C_1=C_2=C_3=10$ μF;设置电阻 $R_{b1}=5$ kΩ,$R_{b2}=24$ kΩ,$R_{b3}=R_{b4}=10$ kΩ,$R_c=30$ Ω,$R_L=3$ kΩ;NPN 晶体管选用型号 2N2222;

(2)测量静态工作点:将交流电压源做短路处理,电解电容做开路处理,采用直流电压表及直流电流表分别测量 VT$_1$ 管和 VT$_2$ 管的静态工作点,记作 U_{BEQ1}、U_{BQ1}、I_{EQ1}、U_{CEQ1}、U_{BEQ2}、I_{BQ2}、I_{EQ2}、U_{CEQ2},记录相应数据于实表 29.1 中,其中直流电压表和直流电流表内阻均采用默认值(注:电压表需并联在电路中,电流表需串联在电路中);

实表 29.1 静态工作点测量数据

物理量	U_{BEQ}	I_{BQ}	I_{EQ}	U_{CEQ}
VT$_1$管测量值				
VT$_2$管测量值				

(3)波形观察:采用双通道示波器测量 u_i 及 u_o 波形,并通过测量光标测量相应波形数据(或通过双通道示波器中数据显示直接读取相应数据),记录相应数据于实表 29.2 中。

实表 29.2 波形及波形数据

项 目	波形 (u_i 及 u_o)	波形数据		
		周期	峰—峰值	交流有效值
输入信号 u_i				
输出信号 u_o				

5) 实验报告

(1)阐述设置静态工作点的必要性;

(2)阐述共射-共基放大电路的电路组成及特点;

(3)补充完整实表 29.1 和实表 29.2,完成实验报告。

解答答案:

(1)必要性:设置合适的静态工作点以保证放大电路不产生失真;

(2)电路组成及特点:共射电路的输出作为共基放大电路的输入,共基电路的输出作为总电路的输出,电压放大能力强且具有较好的高频特性;

(3)实表 29.1 及实表 29.2 数据如下表,波形如下图,其中,红色为 u_i,绿色为 u_o。

物理量	U_{BEQ}	I_{BQ}	I_{EQ}	U_{CEQ}
VT$_1$管测量值	795.52 mV	2.21 mA	135.45 mA	869.74 mV
VT$_2$管测量值	762.82 mV	873.43 μA	133.25 mA	7.16 V

项 目	波形 (u_i 及 u_o)	波形数据		
		周期	峰—峰值	交流有效值
输入信号 u_i		1 ms	19.97 mV	7.07 mV
输出信号 u_o		1 ms	878.15 mV	310.95 mV

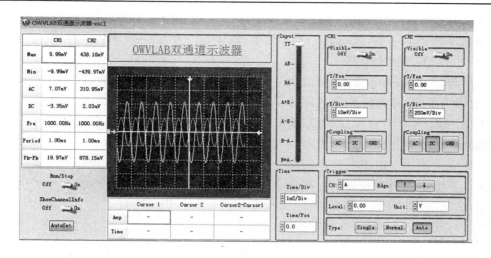

实验 30 共集-共基放大电路研究

1）实验目的

（1）掌握共集-共基放大电路的基本结构；
（2）掌握共集-共基放大电路的特点；
（3）掌握设置静态工作点的必要性；
（4）掌握双通道示波器的使用方法。

2）实验器材

（1）V_{CC}
（2）Ground
（3）交流电压源
（4）普通电阻
（5）电解电容
（6）NPN 晶体管 2N2222
（7）直流电压表
（8）直流电流表
（9）双通道示波器

3）实验原理

（1）设置静态工作点的必要性

在放大电路中,当有信号输入时,交流量与直流量共存。将输入信号设为零,即直流电源单独作用时,晶体管的基极电流 I_B、集电极电流 I_C、b、e 间电压 U_{BE}、管压降 U_{CE} 称为放大电路的静态工作点 Q,常将四个物理量记作 I_{BQ}、I_{CQ}、U_{BEQ}、U_{CEQ}。设置合适的静态工作点,

以保证放大电路不产生失真。在近似估算中常认为 U_{BEQ} 为已知量,对于硅管,取 $|U_{BEQ}|$ 为 0.6~0.8 V 中的某一值,如 0.7 V;对于锗管,取 $|U_{BEQ}|$ 为 0.1~0.3 V 中的某一值。

（2）共集-共基放大电路

实图 30.1 所示为共集-共基放大电路,它以 VT_1 管组成的共集电路作为输入端,故输入电阻较大;以 VT_2 管组成的共基电路作为输出端,故具有一定的电压放大能力。由于共集电极电路和共基极电路均具有较高的上限截止频率,故电路具有较宽的通频带。

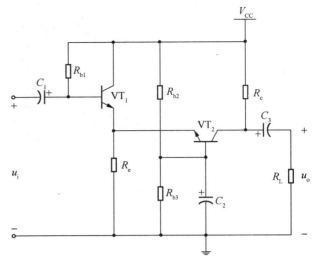

实图 30.1　共集－共基放大电路

4）实验内容

实验任务:实图 30.1 为共集-共基放大电路,研究共集-共基放大电路的特点。

（1）参数设置:设置交流电压源峰值为 10 mV,频率为 1 kHz,其余参数采用默认值;设置 $V_{CC}=12$ V;设置电解电容容值 $C_1 = C_2 = C_3 = 10\ \mu F$;设置电阻 $R_{b1}=50$ kΩ,$R_{b2}=2$ kΩ,$R_{b3}=20$ kΩ,$R_e=50$ Ω,$R_c=30$ Ω,$R_L=27$ kΩ;NPN 晶体管选用型号 2N2222;

（2）测量静态工作点:将交流电压源做短路处理,电解电容做开路处理,采用直流电压表及直流电流表分别测量 VT_1 管和 VT_2 管的静态工作点,记作 U_{BEQ1}、I_{BQ1}、I_{EQ1}、U_{CEQ1}、U_{BEQ2}、I_{BQ2}、I_{EQ2}、U_{CEQ2},记录相应数据于实表 30.1 中,其中直流电压表和直流电流表内阻均采用默认值(注:电压表需并联在电路中,电流表需串联在电路中);

实表 30.1　静态工作点测量数据

物理量	U_{BEQ}	I_{BQ}	I_{EQ}	U_{CEQ}
VT_1 管测量值				
VT_2 管测量值				

（3）波形观察:采用双通道示波器测量 u_i 及 u_o 波形,并通过测量光标测量相应波形数据（或通过双通道示波器中数据显示直接读取相应数据）,记录相应数据于实表 30.2 中。

实表 30.2　波形及波形数据

项　目	波形 （u_i 及 u_o）	波形数据		
		周期	峰-峰值	交流有效值
输入信号 u_i				
输出信号 u_o				

5）实验报告

（1）阐述静态工作点设置的必要性;

（2）阐述共集-共基放大电路的电路组成及特点；

（3）补充完整实表 30.1 和实表 30.2,完成实验报告。

解答答案：

（1）必要性：设置合适的静态工作点以保证放大电路不产生失真；

（2）电路组成及特点：共集电极电路的输出作为共基极放大电路的输入,共基极电路的输出作为总电路的输出,输入电阻较大且具有较宽的通频带；

（3）实表 30.1 及实表 30.2 数据分别如下表。

物理量	U_{BEQ}	I_{BQ}	I_{EQ}	U_{CEQ}
VT$_1$管测量值	688.64 mV	86.73 μA	13.68 mA	5.08 V
VT$_2$管测量值	785.54 mV	1.76 mA	124.70 mA	1.39 V

项　目	波形 （u_i 及 u_o）	波形数据		
		周期	峰-峰值	交流有效值
输入信号 u_i		1 ms	19.98 mV	7.07 mV
输出信号 u_o		1 ms	209.68 mV	74.29 mV

波形如下图,其中,红色为 u_i,绿色为 u_o。

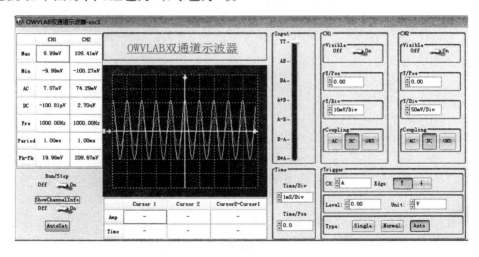

实验 31　镜像电流源电路研究

1）实验目的

（1）掌握镜像电流源的电路结构及原理；

（2）掌握镜像电流源电路的特点。

2）实验器材

（1）V_{CC}

（2）Ground

（3）普通电阻

（4）NPN 晶体管 2N2222A

（5）直流电压表

（6）直流电流表

3）实验原理

实图 31.1 所示为镜像电流源电路，它由两个特性完全相同的管子 VT$_1$ 和 VT$_2$ 构成，由于 VT$_1$ 管的管压降 U_{CE1} 与其 B、E 间电压 U_{BE1} 相等，从而保证 VT$_1$ 管工作在放大状态，而不可能进入饱和状态，故其集电极电流 $I_{C1}=\beta_1 I_{B1}$。图中 VT$_1$ 和 VT$_2$ 的 b、e 之间的电压相等，故它们的基极电流 $I_{B1}=I_{B2}=I_B$，而由于电流放大倍数 $\beta_1=\beta_2=\beta$，故集电极电流 $I_{C1}=I_{C2}=I_C=\beta I_B$。可见，由于电路的这种特殊接法，使 I_{C1} 与 I_{C2} 呈镜像关系，故称此电路为镜像电流源。I_{C2} 为输出电流。

电阻 R 中的电流为基准电流，其表达式为：

$$I_R=\frac{V_{CC}-U_{BE}}{R}=I_C+2I_B=I_C+2\frac{I_C}{\beta}$$

从而集电极电流为：

$$I_C=\frac{\beta}{\beta+2}I_R$$

当 $\beta\gg2$ 时，输出电流为：

$$I_C\approx I_R=\frac{V_{CC}-U_{BE}}{R}$$

即当 V_{CC} 和 R 的数值一定时，输出电流 I_{C2} 也随之确定。

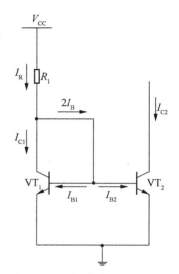

实图 31.1　镜像电流源电路

4）实验内容

实验任务：实图 31.1 为镜像电流源电路，研究镜像电流源输出电流与基准电流间的关系。

（1）按照实图 31.1 连接实验电路，并将 VT$_2$ 管的集电极通过与 R_1 阻值相同的电阻与 V_{CC} 相连。设置 V_{CC} 为 15 V；采用直流电压表和直流电流表分别测量 U_{BE}、I_R、I_{C2}，其中直流电压表及直流电流表内阻均采用默认值（注：电压表需并联在电路中，电流表需串联在电路中）；NPN 晶体管型号选择 2N2222A；

（2）按照实表 31.1 改变 R_1 的阻值（注：同时改变 T_2 管的集电极与 V_{CC} 相连接的电阻阻值），运行实验，补充完整实表 31.1 数据。

实表 31.1 实验数据

R_1(kΩ)		5	10	12	15	20
U_{BE}(V)						
I_R(A)						
I_{C2}(A)	测量值					
	理论值 $I_{C2}\approx I_R$					
	误差					

5) 实验报告

(1) 阐述镜像电流源电路基本结构、原理及特点;

(2) 补充完整实表 31.1,完成实验报告。

解答答案:

(1) 详见实验原理;

(2) 实验结果如下表。

R_1(kΩ)		5	10	12	15	20
U_{BE}(V)		663.94m	643.60m	638.31m	631.86m	623.58m
I_R(A)		2.87m	1.44m	1.20m	957.89μ	718.93μ
I_{C2}(A)	测量值	2.85m	1.42m	1.19m	950.24μ	712.97μ
	理论值 $I_{C2}\approx I_R$	2.87m	1.44m	1.20m	957.89μ	718.93
	误差	0.7%	1.4%	0.8%	0.8%	0.8%

实验 32 比例电流源电路研究

1) 实验目的

(1) 掌握比例电流源电路组成结构及原理;

(2) 掌握比例电流源电路的特点。

2) 实验器材

(1) V_{CC}

(2) Ground

(3) 普通电阻

(4) NPN 晶体管 2N2222A

(5) 直流电流表

(6) 直流电压表

3）实验原理

实图 32.1 为比例电流源电路。比例电流源电路特点为 I_{C1} 可以大于 I_R 或小于 I_R，且与 I_R 成比例关系。

从电路可知：

$$U_{BE1} + I_{E1}R_{e1} = U_{BE2} + I_{E2}R_{e2}$$

根据晶体管发射结电压与发射极电流的近似关系可得：

$$U_{BE} \approx U_T \ln \frac{I_E}{I_S}$$

由于 VT_1 与 VT_2 管的特性完全相同，则

$$U_{BE1} - U_{BE2} \approx U_T \ln \frac{I_{E1}}{I_{E2}}$$

从而整理得：

$$I_{E2}R_{e2} \approx I_{E1}R_{e1} + U_T \ln \frac{I_{E1}}{I_{E2}}$$

当 $\beta \gg 2$ 时，$I_{C1} \approx I_{E1} \approx I_R$，$I_{C2} \approx I_{E2}$，则

$$I_{C2} \approx \frac{R_{e1}}{R_{e2}} I_R + \frac{U_T}{R_{e2}} \ln \frac{I_R}{I_{C2}}$$

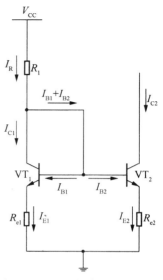

实图 32.1　比例电流源电路

在一定取值范围内，上式中的对数项若可忽略，则

$$I_{C2} \approx \frac{R_{e1}}{R_{e2}} I_R$$

可见，只要改变 R_{e1} 和 R_{e2} 的阻值，就可以改变 I_{C2} 和 I_R 的比例关系。式中，基准电流 I_R 为：

$$I_R \approx \frac{V_{CC} - U_{BE1}}{R_1 + R_{e1}}$$

4）实验内容

实验任务：研究比例电流源电路的特点，阐述输出电流与基准电流之间的关系。

（1）按照实图 32.1 连接实验电路，并将 VT_2 管的集电极直接与 V_{CC} 相连。设置 V_{CC} 为 15 V；采用直流电压表和直流电流表分别测量 U_{BE}、I_R、I_{C2}，其中直流电压表及直流电流表内阻均采用默认值（注：电压表在使用时需并联在电路中，电流表在使用时需串联在电路中）；设置 $R = R_{e1} = 10$ kΩ；NPN 晶体管型号选择 2N2222A；

（2）按照实表 32.1 改变 R_{e2} 的阻值，运行实验，补充完整实表 32.1 数据。

实表 32.1　实验数据

R_{e2}（kΩ）		2	4	5	10	15	20	30	40
U_{BE}（V）									
I_R（A）									
I_{C2}（A）	测量值								
	理论值 $I_{C2} \approx \dfrac{R_{e1}}{R_{e2}} I_R$								
	误差								

5）实验报告

（1）阐述比例电流源电路基本结构、原理及特点；
（2）补充完整实表 32.1，完成实验报告。
解答答案：
（1）详见实验原理；
（2）实验结果如下表。

R_{e2}(kΩ)		2	4	5	10	15	20	30	40
U_{BE}(V)		623.51m	623.68m	623.71m	623.79m	623.82m	623.83m	623.84m	623.85m
I_R(A)		728.31μ	724.19μ	723.32μ	721.48μ	720.81μ	720.47μ	720.10μ	719.91μ
I_{C2}(A)	测量值	3.52m	1.77m	1.42m	713.95μ	476.99μ	358.22μ	239.21μ	179.59μ
	理论值 $I_{C2} \approx \dfrac{R_{e1}}{R_{e2}} I_R$	3.64m	1.81m	1.45m	721.48μ	480.54μ	360.24μ	240.03μ	179.98μ
	误差	3.3%	2.2%	2.1%	1%	0.7%	0.56%	0.34%	0.22%

实验 33　微电流源电路研究

1）实验目的

（1）掌握微电流源电路结构及原理；
（2）掌握微电流源电路的特点及设计流程。

2）实验器材

（1）V_{CC}
（2）Ground
（3）普通电阻
（4）NPN 晶体管 2N2222A
（5）直流电压表
（6）直流电流表

3）实验原理

微电流源电路如实图 33.1 所示，根据电路可知：

$$U_{BE1} = U_{BE2} + I_{E2}R_{e2} \Rightarrow I_{E2} = \frac{U_{BE1} - U_{BE2}}{R_{e2}}$$

根据晶体管发射结电压与发射极电流的近似关系可得：

$$U_{BE} \approx U_T \ln \frac{I_E}{I_S}$$

由于 VT_1 与 VT_2 管的特性完全相同，则

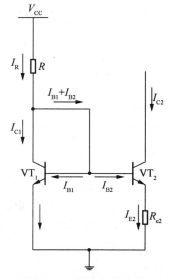

实图 33.1　微电流源电路

$$U_{BE1} - U_{BE2} \approx U_T \ln \frac{I_{E1}}{I_{E2}}$$

从而整理得：

$$I_{E2} \approx \frac{U_T}{R_{e2}} \ln \frac{I_{E1}}{I_{E2}}$$

当 $\beta \gg 2$ 时，$I_{C1} \approx I_{E1} \approx I_R$，$I_{C2} \approx I_{E2}$，则

$$I_{C2} \approx \frac{U_T}{R_{e2}} \ln \frac{I_R}{I_{C2}}$$

在已知 R_{e2} 的情况下，上式对 I_{C2} 是一个超越方程，可以通过图解法或累试法解出 I_{C2}。式中基准电流为：

$$I_R \approx \frac{V_{CC} - U_{BE1}}{R}$$

实际设计电路时，首先应确定 I_R 和 I_{C1} 的数值，然后求出 R 和 R_{e2} 的数值。

4）实验内容

实验任务：设计微电流源电路，使得基准电流为 1 mA，输出电流为 20 μA，并总结微电流源电路特点。

（1）根据实验任务知，电路基准电流 $I_R = 1$ mA，输出电流为 $I_{C2} = 20$ μA；

（2）设计微电流源电路，$V_{CC} = 15$ V，$U_{BE1} = 0.7$ V，$U_T = 26$ mV，则电阻 R 和 R_{e2} 满足：

$$\begin{cases} I_R \approx \dfrac{V_{CC} - U_{BE1}}{R} \\ I_{C2} \approx \dfrac{U_T}{R_{e2}} \ln \dfrac{I_R}{I_{C2}} \end{cases} \Rightarrow \begin{cases} R = 14.3 \text{ k}\Omega \\ R_{e2} = 5.09 \text{ k}\Omega \end{cases}$$

（3）按照实图 33.1 搭建电路，并将 VT_2 管的集电极直接与 V_{CC} 相连。设置 $V_{CC} = 15$ V；设置 $R = 14.3$ kΩ，$R_{e2} = 5.09$ kΩ；NPN 晶体管型号选择 2N222A。运行实验，采用直流电压表和直流电流表分别测量此时的 I_R、U_{BE1} 及 I_{C2}，并计算误差，阐述微电流源电路特点。

实表 33.1　实验数据

实验数据 $V_{CC} = 15$ V, $U_T = 26$ mV	U_{BE1}（V）	I_R（A）	I_{C2}（A）
理论值	0.7	1	20
测量值			
误差			

5）实验报告

（1）阐述微电流源电路组成及原理；

（2）阐述微电流源电路设计流程，阐述计算过程，补充完整实表 33.1；

（3）总结微电流源电路特点，完成实验报告。

解答答案：

（1）详见实验原理及实验内容；

（2）实表 33.1 数据如下表。

实验数据 $V_{CC}=15$ V, $U_T=26$ mV	U_{BE1}(V)	I_R(A)	I_{C2}(A)
理论值	0.7	1m	20μ
测量值	633.51m	1m	25.34μ
误差	9.5%	0	26.7%

实验 34　加射极输出器的电流源电路研究

1）实验目的

（1）掌握加射极输出器的电流源电路组成结构及原理；
（2）掌握加射极输出器的电流源电路的特点。

2）实验器材

（1）V_{CC}
（2）Ground
（3）普通电阻
（4）NPN 晶体管 2N2369
（5）直流电压表
（6）直流电流表

3）实验原理

在镜像电流源 VT_1 管的集电极与基极之间加一个从射极输出的晶体管 VT_0，便构成实图 34.1 所示的加射极输出器的电流源电路。该电路利用 VT_0 管的电流放大作用，减小了基极电流 I_{B1} 和 I_{B2} 对基准电流 I_R 的分流作用。

VT_1、VT_2 和 VT_0 管特性完全相同，从而 $\beta_0=\beta_1=\beta_2=\beta$，由于 $U_{BE1}=U_{BE2}$，$I_{B1}=I_{B2}=I_B$，因此输出电流为：

$$I_{C2}=I_{C1}=I_R-I_{B0}=I_R-\frac{I_{E0}}{1+\beta}=I_R-\frac{2I_B}{1+\beta}=I_R-\frac{2I_{C1}}{(1+\beta)\beta}$$

整理得：

$$I_{C2}=\frac{1}{1+\dfrac{2}{(1+\beta)\beta}}I_R\approx I_R$$

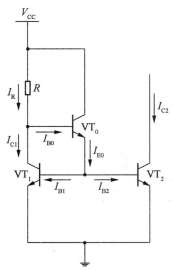

实图 34.1　加射极输出器的电流源电路

若 $\beta=10$，则代入上式得到 $I_{C2}\approx0.982I_R$。这说明即使 β 很小，也可以认为 $I_{C2}\approx I_R$，I_{C1} 与 I_R 保持很好的

镜像关系。

4）实验内容

实验任务:观察加射极输出器的电流源电路的特点,阐述输出电流与基准电流间的关系。

(1) 按照实图 34.1 连接实验电路,并将 T_2 管的集电极通过与 R 阻值相同的电阻与 V_{CC} 相连。设置 V_{CC} 为 12 V;采用直流电压表和直流电流表分别测量 U_{BE}、I_R、I_{C2},其中直流电压表及直流电流表内阻均采用默认值(注:电压表需并联在电路中,电流表需串联在电路中);NPN 晶体管型号选择 2N2369;

(2) 按照实表 34.1 改变 R 的阻值(注:同时改变 VT_2 管的集电极与 V_{CC} 相连接的电阻阻值),运行实验,补充完整实表 34.1 数据,总结加射极输出器的电流源电路特点。

实表 34.1　实验数据

$R(k\Omega)$		5	10	12	15	20
$U_{BE}(V)$						
$I_R(A)$						
$I_{C2}(A)$	测量值					
	理论值 $I_{C2} \approx I_R$					
	误差					

5）实验报告

(1) 阐述加射极输出器的电流源电路的组成、原理及电路特点;

(2) 补充完整实表 34.1,完成实验报告。

解答答案:

(1) 详见实验原理及实验内容;

(2) 实表 34.1 数据如下表。

$R(k\Omega)$		5	10	12	15	20
$U_{BE}(V)$		687.05m	664.60m	658.87m	651.94m	643.11m
$I_R(A)$		2.15m	1.08m	899.44μ	720.33μ	541.13μ
$I_{C2}(A)$	测量值	2.15m	1.08m	897.87μ	718.87μ	539.79μ
	理论值 $I_{C2} \approx I_R$	2.15m	1.08m	899.44μ	720.33	541.13
	误差	0	0	0.17%	0.2%	0.2%

实验 35　威尔逊电流源电路研究

1）实验目的

（1）掌握威尔逊电流源电路的组成及原理；
（2）掌握威尔逊电流源电路的特点。

2）实验器材

（1）V_{CC}
（2）Ground
（3）普通电阻
（4）NPN 管 2N2369
（5）直流电压表
（6）直流电流表

3）实验原理

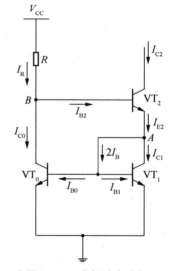

威尔逊电流源电路如实图 35.1 所示，I_{C2} 为输出电流。VT_1 管 c、e 串联在 VT_2 管的发射极，由于 c、e 间等效电阻非常大，使得 I_{C2} 高度稳定。由于 VT_0、VT_1 和 VT_2 管特性完全相同，从而 $\beta_0 = \beta_1 = \beta_2 = \beta$，且 $U_{BE0} = U_{BE1} = U_{BE2} = U_{BE}$，$I_{B0} = I_{B1} = I_B$，$I_{C0} = I_{C1} = I_C$。

根据各管的电流可知，A 点的电流方程为：

$$I_{E2} = I_{C1} + 2I_B = I_C + \frac{2I_C}{\beta}$$

从而

$$I_C = \frac{\beta}{\beta+2} I_{E2} = \frac{\beta}{\beta+2}(1+\beta) I_{B2} = \frac{\beta}{\beta+2} \cdot \frac{\beta+1}{\beta} I_{C2} = \frac{\beta+1}{\beta+2} I_{C2}$$

B 点电流方程为：

$$I_R = I_{C0} + I_{B2} = I_C + \frac{I_{C2}}{\beta} = \frac{\beta+1}{\beta+2} I_{C2} + \frac{I_{C2}}{\beta} = \frac{\beta^2+2\beta+2}{\beta^2+2\beta} I_{C2}$$

整理得：

$$I_{C2} = \frac{\beta^2+2\beta}{\beta^2+2\beta+2} I_R = \left(1 - \frac{2}{\beta^2+2\beta+2}\right) I_R \approx I_R$$

实图 35.1　威尔逊电流源

当 $\beta = 10$ 时，代入上式得到 $I_{C2} \approx 0.984 I_R$，可见在 β 很小时也可认为 $I_{C2} \approx I_R$，I_{C2} 受基极电流影响很小。在上式中，基准电流为：

$$I_R = \frac{V_{CC} - 2U_{BE}}{R}$$

4）实验内容

实验任务：观察威尔逊电流源电路的特点，阐述输出电流与基准电流间的关系。

(1)按照实图 35.1 连接实验电路,并将 T_2 管的集电极直接与 V_{CC} 相连。设置 V_{CC} 为 12 V;采用直流电压表和直流电流表分别测量 U_{BE}、I_R、I_{C2},其中直流电压表及直流电流表内阻均采用默认值(注:电压表需并联在电路中,电流表需串联在电路中);NPN 晶体管型号选择 2N2369;

(2) 按照实表 35.1 改变 R 的阻值,运行实验,补充完整实表 35.1 数据,总结威尔逊电流源电路特点。

实表 35.1　实验数据

$R(k\Omega)$		10	15	20	25	30
$U_{BE}(V)$						
$I_R(A)$						
$I_{C2}(A)$	测量值					
	理论值 $I_{C2}\approx I_R$					
	误差					

5) 实验报告

(1) 阐述威尔逊电流源电路组成结构、原理及特点;

(2) 补充完整实表 35.1,完成实验报告。

解答答案:

(1) 详见实验原理及实验内容;

(2) 实表 35.1 数据如下表。

$R(k\Omega)$		10	15	20	25	30
$U_{BE}(V)$		663.89m	651.21m	642.35m	635.52m	629.98m
$I_R(A)$		1.07m	713.38μ	536.11μ	429.34μ	358.18μ
$I_{C2}(A)$	测量值	1.06m	710.05μ	533.73μ	427.51μ	356.71μ
	理论值 $I_{C2}\approx I_R$	1.07m	713.38μ	536.11μ	429.34μ	358.18μ
	误差	0.9%	0.47%	0.44%	0.43%	0.4%

实验 36　多路电流源电路研究

1) 实验目的

(1) 掌握多路电流源电路的组成及原理;

(2) 掌握多路电流源电路的特点。

2) 实验器材

(1) V_{CC}

（2）Ground

（3）普通电阻

（4）NPN 晶体管 2N2923

（5）直流电压表

（6）直流电流表

3）实验原理

实图 36.1 为基于比例电流源的多路电流源电路,它可以利用一个基准电流获得多个不同的输出电流,其中 I_R 为基准电流,I_{C1}、I_{C2}、I_{C3} 和 I_{C4} 为四路输出电流。

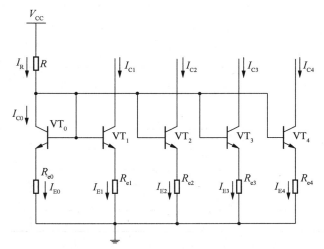

实图 36.1　基于比例电流源的多路电流源电路

根据 $VT_0 \sim VT_4$ 的接法,可得:
$$U_{BE0} + I_{E0}R_{e0} = U_{BE1} + I_{E1}R_{e1} = U_{BE2} + I_{E2}R_{e2} = U_{BE3} + I_{E3}R_{e3} = U_{BE4} + I_{E4}R_{e4}$$
由于各管的 b、e 间电压 U_{BE} 数值大致相等,因此可得如下近似关系:
$$I_{E0}R_{e0} \approx I_{E1}R_{e1} \approx I_{E2}R_{e2} \approx I_{E3}R_{e3} \approx I_{E4}R_{e4}$$
当 I_{E0} 确定后,各级只要选择合适的电阻,就可以得到所需的电流。根据比例电流源电路特点,进一步得到输出电流与基准电流 I_R 之间的近似关系如下:
$$I_R R_{e0} \approx I_{C1}R_{e1} \approx I_{C2}R_{e2} \approx I_{C3}R_{e3} \approx I_{C4}R_{e4}$$

4）实验内容

实验任务:观察多路电流源电路的特点,总结各级输出电流与基准电流之间的关系。

（1）按照实图 36.1 连接实验电路,并将 $VT_1 \sim VT_4$ 管的集电极直接与 V_{CC} 相连。设置 V_{CC} 为 12 V;采用直流电压表和直流电流表分别测量 U_{BE}、I_R、$I_{C1} \sim I_{C4}$,其中直流电压表及直流电流表内阻均采用默认值(注:电压表需并联在电路中,电流表需串联在电路中);设置 $R_{e1} = 5$ kΩ,$R_{e2} = 10$ kΩ,$R_{e3} = 15$ kΩ,$R_{e4} = 20$ kΩ;NPN 晶体管型号选择 2N2923;

（2）按照实表 36.1 改变 R_{e0} 的阻值,运行实验,补充完整实表 36.1 数据,总结多路电流源电路的特点。

实表 36.1 实验数据

R_{e0} (kΩ)		5	10	15	20	30	40
U_{BE} (V)							
I_R (A)							
I_{C1} (A)	测量值						
	理论值 $I_{C1} \approx \dfrac{R_{e0}}{R_{e1}} I_R$						
	误差						
I_{C2} (A)	测量值						
	理论值 $I_{C2} \approx \dfrac{R_{e0}}{R_{e2}} I_R$						
	误差						
I_{C3} (A)	测量值						
	理论值 $I_{C3} \approx \dfrac{R_{e0}}{R_{e3}} I_R$						
	误差						
I_{C4} (A)	测量值						
	理论值 $I_{C4} \approx \dfrac{R_{e0}}{R_{e4}} I_R$						
	误差						

5) 实验报告

（1）阐述多路电流源的组成结构、原理及电路特点；

（2）补充完整实表 36.1,完成实验报告。

解答答案：

（1）详见实验原理及实验内容；

（2）实表 36.1 数据如下表。

R_{e0} (kΩ)		5	10	15	20	30	40
U_{BE} (V)		642.86m	635.24m	629.36m	624.58m	617.04m	611.21m
I_R (A)		761.70μ	577.66μ	468.07μ	395.36μ	304.90μ	250.84μ
I_{C1} (A)	测量值	744.39μ	1.11m	1.32m	1.47m	1.65m	1.75m
	理论值 $I_{C1} \approx \dfrac{R_{e0}}{R_{e1}} I_R$	761.70μ	1.155m	1.404m	1.581m	1.829m	2.006m
	误差	2.27%	3.9%	5.98%	7.02%	9.79%	12.76%

（续表）

I_{C2}(A)	测量值	373.59μ	555.36μ	663.72μ	735.63μ	825.13μ	878.60μ
	理论值 $I_{C2} \approx \dfrac{R_{e0}}{R_{e2}} I_R$	380.85μ	577.66μ	702.11μ	790.72μ	914.7μ	1.003m
	误差	1.91%	3.86%	5.47%	6.97%	9.79%	14.16%
I_{C3}(A)	测量值	249.55μ	370.69μ	442.90μ	490.83μ	550.47μ	586.11μ
	理论值 $I_{C3} \approx \dfrac{R_{e0}}{R_{e3}} I_R$	253.9μ	385.11μ	468.07μ	527.15μ	609.8μ	668.91μ
	误差	1.71%	3.74%	5.38%	6.89%	9.73%	12.38%
I_{C4}(A)	测量值	187.41μ	278.23μ	332.38μ	368.31μ	413.03μ	439.75μ
	理论值 $I_{C4} \approx \dfrac{R_{e0}}{R_{e4}} I_R$	190.43μ	288.83μ	351.05μ	395.36μ	457.35μ	501.68μ
	误差	1.59%	3.67%	5.32%	6.84%	9.68%	12.34%

实验 37　有源负载共射放大电路研究

1）实验目的

（1）了解有源负载共射放大电路的组成及原理；
（2）掌握有源负载共射放大电路的特点。

2）实验器材

（1）V_{CC}
（2）直流电压源
（3）Ground
（4）交流电压源
（5）普通电阻
（6）NPN 晶体管 2N2925
（7）PNP 晶体管 2N1132A
（8）直流电压表
（9）直流电流表
（10）双通道示波器

3）实验原理

实图 37.1 为有源负载共射放大电路。其中 VT_1 管为放大管，VT_2 和 VT_3 构成镜像电流源，VT_2 是 VT_1 的有源负载。

设 T_2 管与 T_3 管特性完全相同，因而 $\beta_2 = \beta_3 = \beta$，$I_{C2} = I_{C3}$。基准电流为：

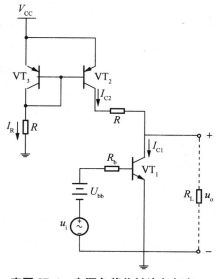

实图 37.1　有源负载共射放大电路

$$I_R = \frac{V_{CC} - U_{EB3}}{R}$$

空载时 VT_1 管的静态集电极电流为：

$$I_{CQ1} = I_{C2} = \frac{\beta}{\beta + 2} I_R$$

可见，电路中并不需要很高的电源电压，只要 V_{CC} 与 R 相配合，就可设置合适的集电极电流 I_{CQ1}。

在实图 37.1 中，U_{bb} 为 VT_1 提供静态基极电流 I_{BQ1}，I_{BQ1} 应等于 I_{CQ1}/β_1，而不应该与镜像电流源提供的 I_{C2} 产生冲突。应当注意的是，当电路带上负载 R_L 后，由于 R_L 对 I_{C2} 的分流作用，I_{CQ1} 将有所变化。

4）实验内容

实验任务：观察有源负载共射放大电路的特点。

（1）按照实图 37.1 连接实验电路，输出端空载，即不连接负载 R_L。设置 V_{CC} 的值为 5 V；直流电压源 U_{bb} 幅值为 1 V；交流电压源峰值为 1 mV，频率为 1 kHz；设置电阻 $R = 20$ kΩ，$R_b = 500$ kΩ；NPN 晶体管 VT_1 选择型号 2N2925；PNP 晶体管 T_2 和 T_3 选择型号 2N1132A；

（2）静态工作点测量：将交流电压源做短路处理，采用直流电流表及直流电压表分别测量 I_{BQ1}、I_{CQ2}、I_R、U_{BEQ3}，记录相应数据于实表 37.1 中，其中直流电压表和直流电流表内阻均采用默认值（注：电压表需并联在电路中，电流表需串联在电路中）；

实表 37.1　静态工作点测量数据

物理量	I_{BQ1}	I_{CQ2}	I_R	U_{BEQ3}
测量值				

（3）波形观察：采用双通道示波器测量 u_i 及 u_o 波形，调节示波器耦合方式为 AC 模式，并通过测量光标测量相应波形数据（或通过双通道示波器中数据显示直接读取相应数据），记录相应数据于实表 37.2 中，总结有源负载共射放大电路特点。

实表 37.2　波形及波形数据

项　目	波形 (u_i 及 u_o)	波形数据		
		周期	峰-峰值	交流有效值
输入信号 u_i				
输出信号 u_o				

5）实验报告

（1）阐述有源负载共射放大电路电路组成、原理及电路特点；

（2）补充完整实表 37.1 和实表 37.2，完成实验报告。

解答答案：

（1）详见实验原理部分。

（2）实表 37.1 及实表 37.2 数据分别如下表。

物理量	I_{BQ1}	I_{CQ2}	I_R	U_{BEQ3}
测量值	707.56 nA	160.86 μA	221.40 μA	−571.50 mV

	波形 （u_i 及 u_o）	波形数据		
		周期	峰-峰值	交流有效值
输入信号 u_i		1 ms	2 mV	0.707 mV
输出信号 u_o		1 ms	21.49 mV	7.61 mV

波形如下图，其中，红色为 u_i，绿色为 u_o。

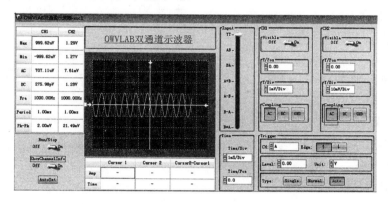

实验 38　有源负载差分放大电路研究

1）实验目的

（1）掌握有源负载差分放大电路的组成及原理；
（2）掌握有源负载差分放大电路的特点。

2）实验器材

（1）直流电流源
（2）V_{CC}
（3）V_{EE}
（4）Ground
（5）交流电压源
（6）普通电阻
（7）NPN 晶体管 2N2925
（8）PNP 晶体管 2N1132A
（9）直流电压表
（10）直流电流表
（11）四通道示波器

3）实验原理

实图 38.1 为有源负载差分放大电路,该电路利用镜像电流源使单端输出差分放大电路的差模放大倍数提高到接近双端输出时的情况。图中 VT_1 与 VT_2 为放大管,VT_3 和 VT_4 组成镜像电流源作为有源负载,$i_{C3}=i_{C4}$。

静态时,VT_1 管和 VT_2 管的发射极电流及集电极电流为:

$$\begin{cases} I_{E1}=I_{E2}=I/2 \\ I_{C1}=I_{C2}\approx I/2 \end{cases}$$

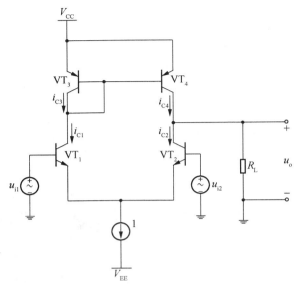

若 $\beta\gg2$ 时,则 $I_{C3}\approx I_{C1}$;而因 $I_{C3}=I_{C4}$,所以 $I_{C4}\approx I_{C1}$,$i_o=I_{C4}-I_{C2}\approx0$。

当差模信号 Δu_i 输入时,根据差分放大电路的特点,动态集电极电流 $\Delta i_{c1}=-\Delta i_{c2}$,而 $\Delta i_{c3}\approx\Delta i_{c1}$;由于 i_{c3} 和 i_{c4} 的镜像关系,$\Delta i_{c3}=\Delta i_{c4}$,从而有:

实图 38.1 有源负载差分放大电路

$$\Delta i_o=\Delta i_{c4}-\Delta i_{c2}\approx\Delta i_{c1}-(-\Delta i_{c1})=2\Delta i_{c1}$$

由此可见,输出电流约为单端输出时的两倍,因而电压放大倍数接近双端输出时的情况。这时输出电流与输入电压之比为:

$$A_{iu}=\frac{\Delta i_o}{\Delta u_i}\approx\frac{2\Delta i_{C1}}{2\Delta i_{B1}r_{be}}=\frac{\beta}{r_{be}}$$

当电路中带负载电阻 R_L 时,其电压放大倍数为:

$$A_{ud}=\frac{\Delta u_o}{\Delta u_i}=\frac{\Delta i_o}{\Delta u_i}(r_{ce2}//r_{ce4}//R_L)\approx\frac{\beta_1(r_{ce2}//r_{ce4}//R_L)}{r_{be}}$$

4）实验内容

实验任务:观察有源负载差分放大电路的特点。

(1) 按照实图 38.1 连接实验电路。设置 V_{CC} 幅值为 5 V;设置 V_{EE} 幅值为 -5 V;设置直流电流源电流值为 1 A;设置交流电压源 u_{i1} 峰值为 1 mV,频率为 1 kHz;设置交流电压源 u_{i2} 峰值为 2 mV,频率为 1 kHz;NPN 晶体管 VT_1 和 VT_2 选择型号 2N2925;PNP 晶体管 VT_3 和 VT_4 选择型号 2N1132A;

(2) 静态工作点测量:将交流电压源做短路处理,采用直流电流表及直流电压表分别测量 I_{BQ1}、I_{CQ2}、I_{CQ2}、U_{BEQ3},记录相应数据于实表 38.1 中,其中直流电压表和直流电流表内阻均采用默认值(注:电压表需并联在电路中,电流表需串联在电路中);

实表 38.1　静态工作点测量数据

物理量	I_{BQ1}	I_{CQ1}	I_{CQ2}	U_{BEQ3}
测量值				

（3）波形观察：采用四通道示波器测量 u_{i1}、u_{i2} 及 u_o 波形，调节示波器耦合方式为 AC 模式，并通过测量光标测量相应波形数据（或通过示波器中数据显示直接读取相应数据），记录相应数据于实表 38.2 中，总结有源负载差分放大电路的特点。

实表 38.2　波形及波形数据

项　目	波形 （u_{i1}、u_{i2} 及 u_o）	波形数据		
		周期	峰-峰值	交流有效值
输入信号 u_{i1}				
输入信号 u_{i2}				
输出信号 u_o				

5）实 验 报 告

（1）阐述有源负载差分放大电路组成、原理及电路特点；

（2）补充完整实表 38.1 和实表 38.2，完成实验报告。

解答答案：

（1）电路组成及特点：详见实验原理部分；

（2）实表 38.1 及实表 38.2 数据分别如下表。

物理量	I_{BQ1}	I_{CQ1}	I_{CQ2}	U_{BEQ3}
测量值	5.42 mA	508.73 mA	480.43 mA	-1.06 V

项　目	波形 （u_{i1}、u_{i2} 及 u_o）	波形数据		
		周期	峰-峰值	交流有效值
输入信号 u_{i1}		1 ms	2 mV	0.707 mV
输入信号 u_{i2}		1 ms	4 mV	1.41 mV
输出信号 u_o		1 ms	145 mV	51.29 mV

波形如下图，其中，红色为 u_{i1}，绿色为 u_{i2}，黄色为 u_o。

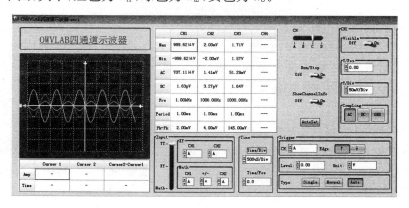

第4篇　数电实验

实验 39　二极管开关特性测试与分析

1）实验目的

（1）认识二极管的开关特性；

（2）熟悉在电路中应用二极管开关特性进行分析和设计；

（3）学习使用万用表测量电压。

2）实验器材

（1）直流电压源

（2）Ground

（3）普通电阻

（4）普通二极管 1N4007

（5）直流电压表

3）实验原理

（1）二极管工作原理

晶体二极管是一个 P 型半导体和 N 型半导体构成的 PN 结，在其界面处两侧形成空间电荷层，并建有自建电场。当不存在外电压时，由于 PN 结两边载流子浓度差引起的扩散电流和自建电场引起的漂移电流相等而使其处于电平衡状态。

当外界有正向电压偏置时，外界电场和自建电场的相互抵消作用使载流子的扩散电流增加而引起正向电流。

当外界有反向电压偏置时，外界电场和自建电场进一步加强，形成在一定反向电压范围内与反向偏置电压值无关的反相饱和电流 I_s。

当外加的反向偏置电压高到一定程度时，PN 结空间电荷层中的电场强度达到临界值而出现载流子倍增现象，产生大量电子空穴对以及数值很大的反向击穿电流，这就是二极管的击穿现象。

（2）二极管的伏安特性

二极管最重要的特性就是单向导电性。在电路中，电流只能从二极管的正极流入，负极流出。描述二极管电压和电流的关系的曲

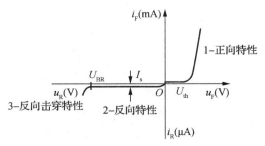

实图 39.1　二极管伏安特性曲线

线称为二极管的伏安特性曲线,如实图 39.1 所示。

由实图 39.1 可以看出,二极管的伏安特性可以分为 3 个部分:

(1) 正向特性:表示当外加正向电压时二极管的工作情况,导通后二极管的端电压基本上是一个常量;

(2) 反向特性:表示当外加反向电压时二极管的工作情况,反向饱和电流越小,表明二极管性能越好;

(3) 反向击穿特性:当反向电压增大到某一数值时,反向电流突然增大,这种现象称为击穿,此时的电压称为反向击穿电压(U_{BR})。

4) 实验内容

二极管开关特性仿真电路如实图 39.2 所示。通过实验了解二极管的开关特性,认识二极管的"正向导通,反向截止"在电路中的表现和作用,具体分析导通和截止之间的转换关系。

(1) 按照实图 39.2 搭建实验电路。设置直流电压源电压值为 5 V,电阻值为 1 kΩ;运行实验,观察并记录直流电压表的读数;

(2) 在元件参数不变的情况下,将二极管反接,运行实验,观察并记录直流电压表的读数;

(3) 补充完整实表 39.1,完成实验报告。

实表 39.1　实验结果

实验操作	电压表读数
二极管正接	
二极管反接	

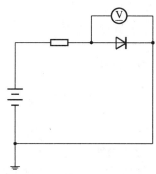

实图 39.2　二极管开关特性仿真电路

5) 实验报告

(1) 根据二极管的工作原理和导电特性,通过搭建、测试实验电路,完成实表 39.1;

(2) 分析二极管在正向导通和反向截止时两端的电压特性;

(3) 对二极管开关特性最简单的描述是什么?"导通"、"截止"说的是电流还是电压?

解答答案:

(1) 实表 39.1 数据为:

实验操作	电压表读数
二极管正接	612.09 mV
二极管反接	5 V

(2) 详见实验原理部分。

(3) 开关特性分为静态和动态,本实验中主要讨论的是静态。

为综合表现静态和动态特性,可用双向方波作用于二极管、电阻串联电路,在示波器上分析响应电流,也即电阻上电压的波形。高低电平的稳态部分由二极管的稳态开关特性即"正向导通,反向截止"决定,而上升、下降沿取决于二极管的开关瞬态特性。

实验 40　二极管与门测试与分析

1）实验目的

（1）了解如何用二极管和电阻组成简单的与门；

（2）认识二极管与门的优缺点。

2）实验器材

（1）V_{CC}

（2）Ground

（3）直流电压源

（4）普通电阻

（5）普通二极管 1BH62

（6）指示灯

（7）直流电压表

3）实验原理

最简单的与门可以用二极管和电阻组成，实图 40.1 是有两个输入端的与门电路，图中 A、B 为两个输入变量，Y 为输出变量。

设 $V_{CC}=5$ V，A、B 输入端的高、低电平分别为 $U_{IH}=3$ V，$U_{IL}=0$ V，二极管 VD_1、VD_2 的正向导通压降 $U_{DF}=0.7$ V。由实图 40.1 可见，A、B 当中只要有一个是低电平 0 V，则对应的二极管导通，使 Y 为 0.7 V。只有 A、B 同时为高电平 3 V 时，Y 才为 3.7 V。将输出与输入逻辑电平的关系列表，即得实表 40.1。

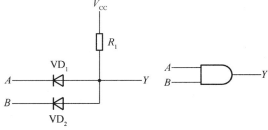

实图 40.1　二极管与门

实表 40.1　二极管与门电路的测量电平

A(V)	B(V)	Y(V)
0	0	0.7
0	3	0.7
3	0	0.7
3	3	3.7

实表 40.2　二极管与门的真值表

A	B	Y
0	0	0
0	1	0
1	0	0
1	1	1

如果规定 3 V 以上为高电平，用逻辑 1 表示，0.7 以下为低电平，用逻辑 0 表示，则可将实表 40.1 改写成实表 40.2 的真值表，显然 Y 和 A、B 是与逻辑关系。通常用与逻辑运算的图形符号作为与门电路的逻辑符号。

4）实验内容

利用二极管和电阻组成简单的与门,并分析这种与门的优缺点。

（1）按实图 40.2 搭建实验电路。设置 V_{CC} 电压值为 5 V,电阻值为 1 kΩ。按照实表 40.3 设置 A、B 对应的直流电压源的电压值。运行实验,观察并记录指示灯状态（亮用 H 表示,灭用 L 表示）和直流电压表读数。

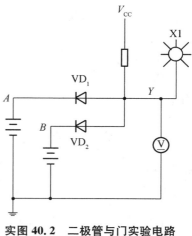

实图 40.2　二极管与门实验电路

实表 40.3　二极管与门电路测试

$A(V)$	$B(V)$	指示灯状态	电压表读数(V)
0	0		
0	5		
5	0		
5	5		

（2）将上述二极管与门前后两级级联,如实图 40.3 所示。设置 V_{CC} 电压值为 5 V,电阻值为 1 kΩ。按照实表 40.4 设置 A、B 直流电压源的电压值,测量各级输出电压,并根据测量结果分析二极管与门电路的缺点。

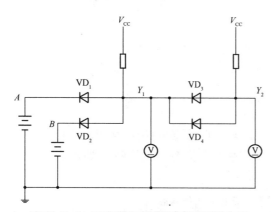

实图 40.3　二极管与门的级联及测量电路

实表 40.4　二极管与门电路级联测试

$A(V)$	$B(V)$	$Y_1(V)$	$Y_2(V)$
0	0		
0	5		
5	0		
5	5		

5）实验报告

（1）论述二极管与门是如何实现逻辑"与"运算的?

（2）搭建实验电路并补充完整实表 40.3 和实表 40.4;

（3）根据测量结果,分析二极管与门的缺点。

解答答案:

（1）详见实验原理部分;

（2）实表 40.3 和实表 40.4 数据分别如下表。

$A(V)$	$B(V)$	指示灯状态	电压表读数
0	0	L	616.41 mV
0	5	L	687.05 mV
5	0	L	687.05 mV
5	5	H	5.00 V

$A(V)$	$B(V)$	$Y_1(V)$	$Y_2(V)$
0	0	679.59 mV	1.28 V
0	5	750.14 mV	1.35 V
5	0	750.14 mV	1.35 V
5	5	5 V	5 V

（3）二极管与门在多个门串接使用时，会出现低电平偏离标准数值的情况，并且负载能力差。

实验 41　三极管开关特性测试与分析

1）实验目的

认识双极性晶体三极管的开关特性。

2）实验器材

（1）V_{CC}
（2）Ground
（3）时钟信号源
（4）普通电阻
（5）NPN 晶体管 2N2923
（6）四通道示波器

3）实验原理

三极管有放大、截止和饱和三种主要工作状态。在数字电路中，截止和饱和主要影响电路开关的稳态，放大状态影响开关的瞬态。三种工作状态的主要特点如实表 41.1 所示（以实图 41.1 为例）。

实表 41.1　双极性晶体三极管工作状态

工作状态		截止	放大	饱和
条件		$I_B \approx 0$	$0 < I_B < I_{CS}/\beta$	$I_B \geqslant I_{CS}/\beta$
工作特点	偏置情况	发射结反偏 集电结反偏	发射结正偏 集电结反偏	发射结正偏 集电结正偏
	I_C	$I_C \approx 0$	$I_C \approx \beta I_B$	$I_C \leqslant I_{CS} \approx V_{CC}/R_c$且不随 I_B变化
	c、e 间管压降	$U_{CE} \approx V_{CC}$	$U_{CE} = V_{CC} - I_C R_c$	$U_{CE} \approx U_{CES}$ $U_{CES} \approx 0.3$ V(硅管) $U_{CES} \approx 0.1$ V(锗管)
	c、e 间等效电阻	很大，约为数百千欧，相当于开关断开	随 I_C变化	很小，约为数百欧姆，相当于开关闭合

对于实图 41.1(a)所示的三极管共射电路，设 U_G 为三极管发射结导通截止分界点电压。

截止状态：当输入电压 $U_i < U_G$ 时，发射结反偏，$I_B = I_C = I_E \approx 0$，$U_{CE} \approx V_{CC}$，集电结也反偏。c、e 间相当于开关断开，这种状态称为三极管的关状态。

导通状态：当输入电压 $U_i > U_G$，发射结正偏，I_B、I_C 增大，输出电压 $U_{CE} = V_{CC} - I_C R_C$ 不断下降，U_{CE} 降至 0.7 V 以下时，使集电结也正偏，三极管呈饱和状态，c、e 间相当于开关接通，称为三极管的开态。

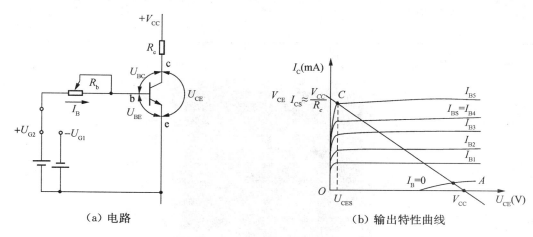

（a）电路　　　　　　　　　（b）输出特性曲线

实图 41.1　三极管共射电路工作状态

4）实验内容

实图 41.2 为三极管开关特性仿真电路，分析认识双极晶体三极管的开关特性。

（1）按实图 41.2 搭建实验电路。设置时钟信号源（5 V，1 kHz），$V_{CC} = 8$ V，$R_1 = 1$ kΩ，$R_2 = R_3 = 20$ kΩ；

（2）运行实验，采用四通道示波器观察输入信号源、管集电极输出（c—e）及发射极输入（b—e）的波形；

（3）在示波器界面上使用测量图标测量，补充完整实表 41.3。

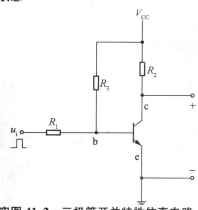

实图 41.2　三极管开关特性仿真电路

实表 41.2　三极管开关特性仿真电路实验数据

波形	波形相关数据					
	信号源	信号源电平 U_i(V)	管发射极电压 U_{BE}(V)	管集电极电压 U_{CE}(V)	管集电极电流 $I_C = (V_{CC} - U_{CE})/R_2$	管工作状态
	低电平期间					
	高电平期间					

5）实验报告

（1）搭建电路并补充完整实表 41.2；

（2）提高信号源的工作频率，如将频率调节为 200 kHz，观察信号源及集电极输出波形的变化，并与 1 kHz 时进行对比，说明 U_{CE} 波形出现怎样的改变，分析出现波形改变的原因。

解答答案：

（1）实表 41.2 数据如下表。

波形	波形相关数据					
波形在表格下面	信号源	信号源电平 U_i(V)	管发射极电压 U_{BE}(V)	管集电极电压 U_{CE}(V)	管集电极电流 $I_C = (V_{CC} - U_{CE})/R_2$	管工作状态
	低电平期间	0	0.38	8	0	截止
	高电平期间	5	0.78	7.17 mV	0.4 mA	饱和

波形图如下图。

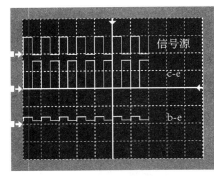

（2）U_{CE} 的上升沿出现滞后，如下图所示。原因：在由饱和到截止的跳变过程中，基区所存储的体电荷的释放需要时间（这段滞后时间称为关断时间 t_{off}），由截止到饱和也需要过渡时间（称为开通时间 t_{on}）。三极管的工作速度越高，t_{off} 和 t_{on} 的值就相应越小。

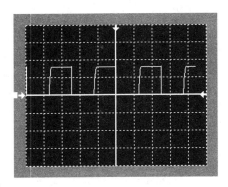

实验 42　基本逻辑运算及其电路实现

1）实验目的

(1) 认识逻辑值 1、0 和逻辑门的输入、输出信号电平之间的关系；

(2) 从逻辑门的输入、输出电平的关系去认识逻辑与（与非）、或、非的运算；

(3) 熟悉基本逻辑门的基本用法。

2）实验器材

(1) 直流电压源

(2) Ground

(3) 2 输入与非门

(4) 2 输入或门

(5) 非门

(6) 直流电压表

3）实验原理

在逻辑代数中，有与、或、非三种基本逻辑运算。如实图 42.1，给出了三个指示灯的控制电路。在实图 42.1(a)中，只有当两个开关同时闭合时，指示灯才会亮，这种因果关系称为逻辑与；在实图 42.1(b)中，只要有任何一个开关闭合，指示灯就亮，这种因果关系称为逻辑或；在实图 42.1(c)中，开关断开时灯亮，开关闭合时灯反而不亮，这种因果关系称为逻辑非。实图 42.2 为对应的图形符号。实图 42.3 为与非门、或门和非门的测试电路。

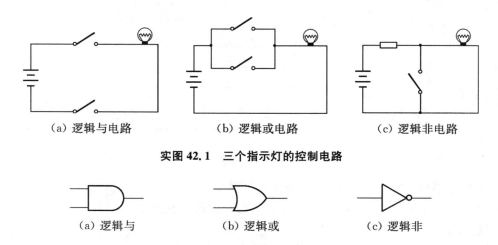

| (a) 逻辑与电路 | (b) 逻辑或电路 | (c) 逻辑非电路 |

实图 42.1　三个指示灯的控制电路

| (a) 逻辑与 | (b) 逻辑或 | (c) 逻辑非 |

实图 42.2　三种逻辑电路符号

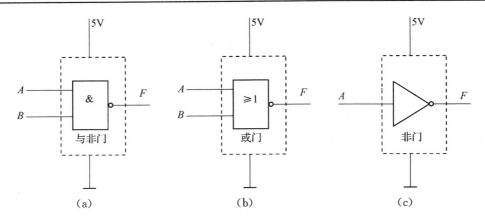

实图 42.3　与非门、或门、非门测试电路

4）实验内容

实图 42.4 为与非门、或门及非门实验电路，从逻辑门的输入、输出电平的关系去认识逻辑与（与非）、或、非的运算。

按实表 42.1 依次设置输入信号的电平值/逻辑值，用直流电压表测量输出信号 F 的电平值，写出对应的逻辑值，填入实表 42.1。根据测量结果写出 F 和 A、B 的逻辑关系式。

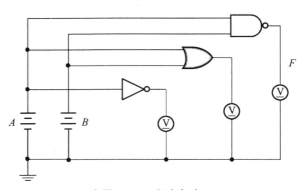

实图 42.4　实验电路

实表 42.1　实验数据

输入信号 （电平值/逻辑值）		输出信号 F （电平值/逻辑值）		
A	B	与非门	或门	非门
0 V/0	0 V/0			
0 V/0	5 V/1			
5 V/1	0 V/0			
5 V/1	5 V/1			

5）实验报告

（1）搭建电路并完成上述实验，补充完整实表 42.1；

（2）根据测量结果写出输出信号和输入信号的逻辑关系式。

解答答案：

（1）实表 42.1 数据如下表。

输入信号 （电平值/逻辑值）		输出信号 F （电平值/逻辑值）		
A	B	与非门	或门	非门
0 V/0	0 V/0	5 V/1	0 V/0	5 V/1
0 V/0	5 V/1	5 V/1	5 V/1	5 V/1
5 V/1	0 V/0	5 V/1	5 V/1	0 V/0
5 V/1	5 V/1	0 V/0	5 V/1	0 V/0

（2）与非门：$F=\overline{AB}$　或门：$F=A+B$　非门：$F=\overline{A}$

实验 43　交通灯状态监视电路

1）实验目的

（1）认识解决实际组合逻辑问题的一般方法和过程；
（2）熟悉基本逻辑门的基本用法。

2）实验器材

（1）直流电压源
（2）Ground
（3）2 输入与门
（4）3 输入与门
（5）4 输入或门
（6）非门
（7）指示灯

3）设计要求

设计一个交通灯工作状态监视电路,要求每一组信号灯均由红、黄、绿三盏灯组成,正常工作情况下,任何时刻必须有一盏灯点亮,而且只允许有一盏灯点亮,而当出现其他五种点亮状态时,电路发出故障信号,以提醒维护人员前去修理。

4）设计流程

（1）对交通灯监视电路进行逻辑抽象
取红、黄、绿三盏灯的状态为输入变量,分别用 R、A、G 表示,并规定灯亮时为 1,不亮时为 0。故障信号的输出变量以 Y 表示,并规定正常工作状态下 Y 为 0,发生故障时 Y 为 1,其真值表如实表 43.1 所示。

实表 43.1　监视交通灯工作状态真值表

R	A	G	Y
0	0	0	1
0	0	1	0
0	1	0	0
0	1	1	1
1	0	0	0
1	0	1	1
1	1	0	1
1	1	1	1

（2）确定逻辑表达式

根据真值表写出其逻辑表达式,即:

$$Y=\overline{R}\,\overline{A}\,\overline{G}+\overline{R}AG+R\overline{A}G+RA\overline{G}+RAG$$

（3）逻辑表达式化简

将上式化简得:

$$Y=\overline{R}\,\overline{A}\,\overline{G}+RA+RG+AG$$

（4）确定逻辑电路图

根据化简后的表达式,采用"与门－或门"的方式得到交通灯工作状态监视逻辑电路,如实图 43.1 所示。

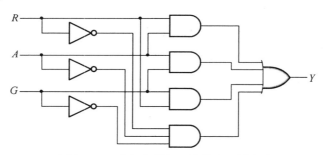

实图 43.1　监视交通灯工作状态逻辑电路

5）实验步骤

实图 43.1 为利用基本的与门、或门和非门实现监视交通灯工作状态的逻辑电路。

（1）按照实图 43.1 搭建实验电路,其中 R、A、G 信号分别接入直流电压源,输出端连接指示灯,并作如下规定:

输入:逻辑"0"与电压值"0 V"对应,逻辑"1"与电压值"5 V"对应;

输出:指示灯"亮"与逻辑"1"对应,指示灯"灭"与逻辑"0"对应。

实表 43.2　监视交通灯工作状态测试结果

R	A	G	Y
0	0	0	
0	0	1	
0	1	0	
0	1	1	
1	0	0	
1	0	1	
1	1	0	
1	1	1	

（2）根据实表 43.2 中 R、A、G 的逻辑值改变相应直流电压源的电压值，运行实验，观察输入端和输出之间的状态关系，记录相应的输出于实表 43.2 中。

6）实验报告

（1）简述交通灯监视电路设计流程，补充完整实表 43.2；

（2）采用与非－与非表达式设计交通灯监视电路（提示：将与或表达式两次求反得到与非－与非表达式）。

解答答案：

（1）设计流程通常为：逻辑抽象—表达式确定—表达式化简—电路实现；

（2）根据交通灯工作状态真值表，可得：

$$Y=\overline{\overline{\overline{R}\,\overline{A}\,G+RA+RG+AG}}=\overline{\overline{R}\,\overline{A}\,G\cdot\overline{RA}\cdot\overline{RG}\cdot\overline{AG}}。$$

因此，采用与非－与非方式得到的交通灯监视电路如下图所示，测试结果见下表。

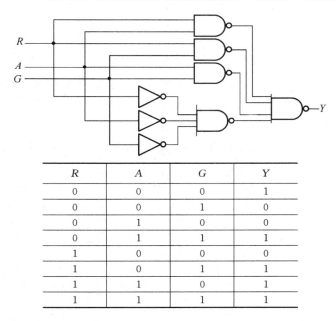

R	A	G	Y
0	0	0	1
0	0	1	0
0	1	0	0
0	1	1	1
1	0	0	0
1	0	1	1
1	1	0	1
1	1	1	1

实验 44　水塔水位监视电路

1）实验目的

（1）熟悉或非逻辑门、非门的基本用法；

（2）认识任意项的意义；

（3）熟悉用小规模组合逻辑器件解决逻辑问题的方法及过程。

2）实验器材

（1）直流电压源

（2）Ground

（3）非门

（4）3 输入或非门

（5）2 输入或非门

（6）指示灯

3）设计要求

采用基本逻辑门"或非门"、"非门"设计一个水塔水位监视电路。要求水位在 8 m 以下，所有指示灯均不亮，当水位上升到 8 m 时，绿色指示灯开始亮；当水位上升到 10 m 时，黄指示灯开始亮；当水位上升到 12 m 时，红指示灯开始亮。水位不可能上升到 14 m 及以上。至多允许一个指示灯亮。

4）设计过程

（1）进行逻辑抽象

将表示水位的十进制数转换为 4 位二进制数 $ABCD$，用 A、B、C、D 去控制各指示灯。设控制绿、黄、红指示灯亮或不亮的信号分别为 F_w、F_y、F_r，并且规定 F_w、F_y、F_r 等于1/0时，对应的指示灯亮/灭。由于水位不可能达到 14 m 以上，F_w、F_y、F_r 在对应的项为任意项 φ，可依据化简的需要将 φ 设为 0 或 1。

根据设计要求，输入信号与输出信号之间的真值表如实表 44.1 所示。

实表 44.1　F_w、F_y、F_r 的真值表

输入信号				输出信号		
A	B	C	D	F_w	F_y	F_r
0	0	0	0	0	0	0
0	0	0	1	0	0	0
0	0	1	0	0	0	0
0	0	1	1	0	0	0
0	1	0	0	0	0	0
0	1	0	1	0	0	0
0	1	1	0	0	0	0
0	1	1	1	0	0	0
1	0	0	0	1	0	0
1	0	0	1	1	0	0
1	0	1	0	0	1	0
1	0	1	1	0	1	0
1	1	0	0	0	0	1
1	1	0	1	0	0	1
1	1	1	0	φ	φ	φ
1	1	1	1	φ	φ	φ

（2）确定表达式

根据实表 44.1 得到 F_w、F_y、F_r 的状态卡诺图，并由卡诺图得出状态方程如下：

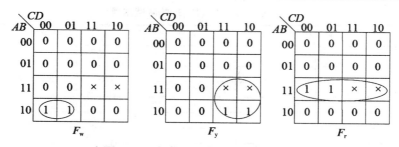

实图 44.1　水塔水位监视电路状态卡诺图

$$
\begin{cases}
F_\mathrm{w} = \overline{ABC} \\
F_\mathrm{y} = AC \\
F_r = AB
\end{cases}
$$

（3）表达式化简

由于要求使用基本逻辑门"或非门""非门"设计一个水塔水位监视电路,需将表达式化简为以下形式:

$$
\begin{cases}
F_\mathrm{w} = \overline{(\overline{A} + B + C)} \\
F_\mathrm{y} = \overline{(\overline{A} + \overline{C})} \\
F_r = \overline{(\overline{A} + \overline{B})}
\end{cases}
$$

（4）确定逻辑电路图

根据化简后的公式,采用基本逻辑门"或非门－非门"方式得到水位监视电路的电路原理图,如实图 44.2 所示。

5）实验步骤

实图 44.2 为采用基本逻辑门"或非门""非门"设计的一个水塔水位监视电路。

（1）按照实图 44.2 搭建实验电路,其中 A、B、C 信号分别接入直流电压源,输出端连接指示灯,并作如下规定:

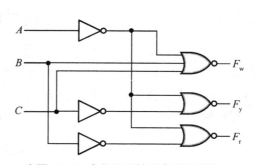

实图 44.2　水位显示控制电路原理图

输入:逻辑"0"与电压值"0 V"对应,逻辑"1"与电压值"5 V"对应;

输出:指示灯"亮"与逻辑"1"对应,指示灯"灭"与逻辑"0"对应。

（2）根据实表 44.2 中 A、B、C 的逻辑值改变对应的直流电压源的电压值,运行实验,通过观察指示灯亮灭情况,分析水位监视情况,记录指示灯状态,补充完整实表 44.2。

实表 44.2 F_w、F_y、F_r的测试结果

输入信号				输出信号		
A	B	C	D	F_w	F_y	F_r
0	0	0	×			
0	0	1	×			
0	1	0	×			
0	1	1	×			
1	0	0	×			
1	0	1	×			
1	1	0	×			

6) 实验报告

(1) 根据实验结果,补充完整实表 44.2;

(2) 采用"与门"方式设计实现水位监视电路。

解答答案:

(1) 实表 44.2 数据如下表。

输入信号				输出信号		
A	B	C	D	F_w	F_y	F_r
0	0	0	×	0	0	0
0	0	1	×	0	0	0
0	1	0	×	0	0	0
0	1	1	×	0	0	0
1	0	0	×	1	0	0
1	0	1	×	0	1	0
1	1	0	×	0	0	1

(2) 真值表化简得:$F_w = A\bar{B}\bar{C}$,$F_y = AC$,$F_r = AB$,采用"与门"方式设计实现的水位监视电路如下。

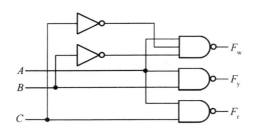

实验 45　选择器及其应用

1）实验目的

（1）认识数据选择器的意义和应用；

（2）熟悉 8 选 1 数据选择器的功能及基本用法；

（3）掌握基于数据选择器解决组合逻辑问题的方法和过程。

2）实验器材

（1）直流电压源

（2）V_{CC}

（3）Ground

（4）8 选 1 数据选择器 74LS151

（5）指示灯

3）实验原理

数据选择器是组合逻辑电路一种形式，它根据地址码要求，从多路输入信号中选择其中一路作为输出，其结构图如实图 45.1 所示。

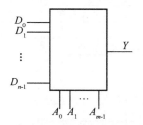

实图 45.1　数据选择器结构图

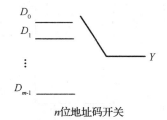

n 位地址码开关

实图 45.2　等效图

$D_0 \sim D_{m-1}$ 为 m 个数据源，$A_0 \sim A_{n-1}$ 为 n 位地址码，数据输出由地址码控制，在结构上类似于一个多掷开关，等效图如实图 45.2 所示。

n 与 m 之间关系为 $m = 2^n$。其输出端表达式为：

$$Y = (\overline{A_{n-1}} \cdot \overline{A_{n-2}} \cdots \overline{A_1} \cdot \overline{A_0})D_0 + (\overline{A_{n-1}} \cdot \overline{A_{n-2}} \cdots \overline{A_1} \cdot A_0)D_1 +$$

$$\cdots (\overline{A_{n-1}} \cdot \overline{A_{n-2}} \cdots A_1 \cdot A_0)D_{m-1}$$

$$= \sum_{i=0}^{m-1} m_i \cdot D_i = \sum_{i=0}^{2^{n-1}} m_i \cdot D_i$$

上式是地址变量的全部最小项的与或形式。由于任何逻辑函数都可由其最小项与或形式组成，因此用数据选择器可实现任何组合逻辑函数，若函数的变量为 k，则相应的地址变量 n 与 k 的关系是 $n = k - 1$。

4) 设计要求

基于 8 选 1 数据选择器 74LS151 设计实现函数 $F = A'B'C' + AC + A'BC$。要求 A 连接 A_2，B 连接 A_1，C 连接 A_0，如实图 45.3 所示。完成实图 45.3 电路中未完成的部分，并验证对函数 F 的实现的正确性。

5) 设计过程

(1) 公式变换

按照要求将函数进行变换：

$$F = \overline{A}\,\overline{B}\,\overline{C} + AC + \overline{A}BC$$
$$= (\overline{A_2}\,\overline{A_1}\,\overline{A_0})D_0 + (A_2\overline{A_1}A_0)D_5 + (A_2A_1A_0)D_7 + (\overline{A_2}A_1A_0)D_3$$

实图 45.3　电路中的未完成的部分

(2) 电路设计

将函数 F 前后对照可知，要实现函数 F，只需令数据选择器的输入满足：

$$D_0 = D_3 = D_5 = D_7 = "1", \quad D_1 = D_2 = D_4 = D_6 = "0"$$

完整电路如实图 45.4 所示。

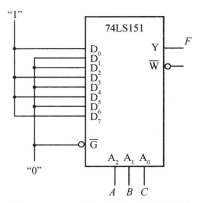

实图 45.4　函数 F 的实验测试电路

实表 45.1　实验数据

输入			输出
A	B	C	F
0	0	0	
0	0	1	
0	1	0	
0	1	1	
1	0	0	
1	0	1	
1	1	0	
1	1	1	

(3) 实验验证

将输出端连接指示灯；数据选择端 A、B、C 分别接入直流电压源；数据输入端逻辑"1"连接 V_{CC}，逻辑"0"接地。规定逻辑"1"电压值为"5 V"，逻辑"0"电压值为"0 V"。

根据实表 45.1 改变 A、B、C 的输入状态，运行实验，观察输入与输出之间的状态关系（规定指示灯"亮"为逻辑"1"，否则为逻辑"0"），记录相应的输出于表 45.1 中。

6) 实验报告

(1) 根据要求设计完整的实验电路并验证，补充完整实表 45.1；

(2) 阐述由选择器实现组合逻辑函数的依据及一般过程。

解答答案：

(1) 实表 45.1 数据如下表。

输入			输出
A	B	C	F
0	0	0	1
0	0	1	0
0	1	0	0
0	1	1	1
1	0	0	0
1	0	1	1
1	1	0	0
1	1	1	1

（2）选择器输出端表达式

$$Y = (\overline{A_{n-1}} \cdot \overline{A_{n-2}} \cdots \overline{A_1} \cdot \overline{A_0})D_0 + (\overline{A_{n-1}} \cdot \overline{A_{n-2}} \cdots \overline{A_1} \cdot \overline{A_0})D_1 +$$

$$\cdots (\overline{A_{n-1}} \cdot \overline{A_{n-2}} \cdots A_1 \cdot A_0)D_{m-1}$$

$$= \sum_{i=0}^{m-1} m_i \cdot D_i = \sum_{i=0}^{2^{n-1}} m_i \cdot D_i$$

上式是地址变量的全部最小项的"与或"形式，而任何组合逻辑函数都可由其最小项的"与或"形式组成，因此用数据选择器可实现任何组合逻辑函数。

一般过程为：首先将组合逻辑函数按照数据选择器的输出格式进行变换，然后进行对照，确定各数据选择端、选通端及控制端的输入，最后根据要求搭建电路进行验证。

实验 46　加法器及其应用

1）实验目的

（1）认识全加器的意义和应用；

（2）了解多位全加器的串行进位和并行进位的意义；

（3）熟悉 4 位全加器（74LS183）的逻辑功能及使用。

2）实验器材

（1）V_{CC}

（2）Ground

（3）双 1 位全加器 74LS183

（4）指示灯

（5）四输入七段数码管

3）实验原理

加法器是产生数的和的装置。加数和被加数为输入、和数与进位为输出的装置为半加器。以单位元的加法器来说，有两种基本类型：半加器和全加器。

（1）半加器

半加器有两个输入和两个输出，输入可以标识为 A、B 或 X、Y，输出通常标识为和 S 和进位 C_O。A 和 B 经"或"运算后，即为和 S，经"与"运算后即为进位 C_O。其逻辑表达式为：

$$S=\overline{A}B+A\overline{B}=A\oplus B;C_O=AB$$

半加器虽能产生进制值，但半加器本身并不能处理进制值。半加器真值表如实表 46.1，电路图如实图 46.1 所示。

实表 46.1　半加器真值表

输入		输出	
A	B	S	C_O
0	0	0	0
0	1	1	0
1	0	1	0
1	1	1	1

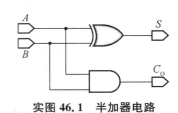

实图 46.1　半加器电路

（2）全加器

在将两个多位二进制数相加时，除了最低位以外，每一位都应该考虑来自低位的进位，即将对应的位数和来自低位的进位 3 个数相加。这种运算称为全加，所对应的电路称为全加器。全加器引入了进制值的输入，以便计算较大数的和。为区分全加器的两个进位线，在输入端的记作 C_I，在输出端的则记作 C_O。全加器的逻辑表达式为：

$$\begin{cases}S=(\overline{A}\ \overline{B}C_I+A\overline{B}C_I+\overline{A}BC_I+AB\overline{C_I})\\ C_O=\overline{\overline{A}\ \overline{B}+\overline{B}\ \overline{C_I}+\overline{A}\ \overline{C_I}}\end{cases}$$

全加器有三个二进制输入，其中一个是进位值的输入，所以全加器可以处理进位值。全加器可以用两个半加器组合而成。全加器真值表如实表 46.2，电路图如实图 46.2 所示。

实表 46.2　全加器真值表

输入			输出	
C_I	A	B	S	C_O
0	0	0	0	0
0	0	1	1	0
0	1	0	1	0
0	1	1	0	1
1	0	0	1	0
1	0	1	0	1
1	1	0	0	1
1	1	1	1	1

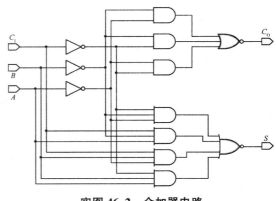

实图 46.2　全加器电路

4）设计要求

由两片 74LS183 构成串行进位 4 位全加器，如实图 46.3 所示。验证 4 位全加器的逻辑功能，要求将输入及输出连接数码管，并记录数码管的显示码。

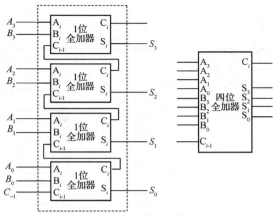

实图 46.3　串行进位 4 位全加器

5）实验步骤

根据设计要求,采用 74LS183 设计串行进位全加器,并验证 4 位全加器的逻辑功能。

（1）将第一片 74LS183 的 $1A$、$1B$、$2A$、$2B$、$1C_n$、1Σ、2Σ 分别作为 A_0、B_0、A_1、B_1、C_I、S_0、S_1,同时将进位端 $1C_{n+1}$ 与自身的 $2C_n$ 相连接;

（2）将第二片 74LS183 的 $1A$、$1B$、$2A$、$2B$、1Σ、2Σ、$2C_{n+1}$ 分别作为 A_2、B_2、A_3、B_3、S_3、S_4、C_O,同时将第二片 74LS183 的进位端 $1C_n$ 与第一片 74LS183 的 $2C_{n+1}$ 相连;

（3）输入端 $A_0\sim A_3$、$B_0\sim B_3$、C_I 分别连接对应的直流信号源(如 V_{CC}),并采用四输入七段数码管和指示灯观察相应的输入与输出,记录相应数据于实表 46.3 中(注:只列出几个典型输入与输出,可自定义测试数据;输入:逻辑"0"与电压值"0 V"对应,逻辑"1"与电压值"5 V"对应;输出:指示灯"亮"与逻辑"1"对应,指示灯"灭"与逻辑"0"对应)。

实表 46.3　串行进位 4 位全加器实验数据

输入			输出	
C_I	$A(A_3A_2A_1A_0)$	$B(B_3B_2B_1B_0)$	S	C_O
0	0000	0000		
1	0000	0000		
0	0010	0010		
1	0010	0010		
0	0111	0111		
1	0111	0111		
0	0111	1000		
1	0111	1000		
0	1111	0001		
1	1111	0001		
0	1111	1111		
1	1111	1111		

6）实验报告

验证 4 位全加器的逻辑功能,自设的测试数据及测试结果。

解答答案：

实表 46.3 数据如下表。

输入			输出	
C_I	$A(A_3A_2A_1A_0)$	$B(B_3B_2B_1B_0)$	$S(S_3S_2S_1S_0)$	C_O
0	0000	0000	0000	0
1	0000	0000	0001	0
0	0010	0010	0100	0
1	0010	0010	0101	0
0	0111	0111	1110	0
1	0111	0111	1111	0
0	0111	1000	1111	0
1	0111	1000	0000	1
0	1111	0001	0000	1
1	1111	0001	0001	1
0	1111	1111	1110	1
1	1111	1111	1111	1

实验 47　译码器及其应用

1）实验目的

（1）认识译码器的定义、功能及基本用法；

（2）熟悉译码器(74HC138)的功能和级联。

2）实验器材

（1）V_{CC}

（2）Ground

（3）3 线－8 线反相译码器 74HC138

（4）指示灯

3）实验内容

利用两片 3 线－8 线译码器 74HC138 设计 4 线－16 线译码器，要求将输入的 4 位二进制代码 $D_3D_2D_1D_0$ 译成 16 个独立的低电平信号 $\overline{Z_0} \sim \overline{Z_{15}}$。

4）实验原理

（1）译码器

译码器(Decoder)的逻辑功能是将每个输入的二进制代码译成对应的输出高、低电平信号或另外一个代码。因此,译码是编码的反操作。常用的译码器电路有二进制译码器、二—十进制译码器和显示译码器三类。

（2）74HC138

74HC138 是用 CMOS 门电路组成的 3 线—8 线译码器,该译码器可接受 3 位二进制加权地址输入(A_0,A_1 和 A_2),并当使能时,提供 8 个互斥的低有效输出($\overline{Y_0} \sim \overline{Y_7}$)。74HC138 特有 3 个使能输入端:两个低有效($\overline{E_1}$ 和 $\overline{E_2}$)和一个高有效(E_3)。除非 $\overline{E_1}$ 和 $\overline{E_2}$ 置低且 E_3 置高,否则 74HC138 将保持所有输出为高。74HC138 逻辑图及真值表如实图 47.1 所示。

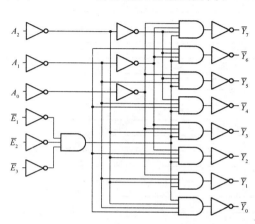

使能端			输入			输出							
$\overline{E_1}$	$\overline{E_2}$	E_3	A_2	A_1	A_0	$\overline{Y_7}$	$\overline{Y_6}$	$\overline{Y_5}$	$\overline{Y_4}$	$\overline{Y_3}$	$\overline{Y_2}$	$\overline{Y_1}$	$\overline{Y_0}$
H	L	H	×	×	×	H	H	H	H	H	H	H	H
×	H		×	×	×	H	H	H	H	H	H	H	H
×	×	L	×	×	×	H	H	H	H	H	H	H	H
L	L	H	L	L	L	H	H	H	H	H	H	H	L
			L	L	H	H	H	H	H	H	H	L	H
			L	H	L	H	H	H	H	H	L	H	H
			L	H	H	H	H	H	H	L	H	H	H
			H	L	L	H	H	H	L	H	H	H	H
			H	L	H	H	H	L	H	H	H	H	H
			H	H	L	H	L	H	H	H	H	H	H
			H	H	H	L	H	H	H	H	H	H	H

实图 47.1　74HC138 逻辑图及真值表

根据 74HC138 真值表得出,当 $\overline{E_1}$ 和 $\overline{E_2}$ 置低且 E_3 置高时,输入和输出之间的逻辑函数式为:$\overline{Y_0}=\overline{\overline{A_2}\,\overline{A_1}\,\overline{A_0}}$,$\overline{Y_1}=\overline{\overline{A_2}\,\overline{A_1}\,A_0}$,$\overline{Y_2}=\overline{\overline{A_2}A_1\overline{A_0}}$,$\overline{Y_3}=\overline{\overline{A_2}A_1A_0}$,$\overline{Y_4}=\overline{A_2\overline{A_1}\,\overline{A_0}}$,$\overline{Y_5}=\overline{A_2\overline{A_1}A_0}$,$\overline{Y_6}=\overline{A_2A_1\overline{A_0}}$,$\overline{Y_7}=\overline{A_2A_1A_0}$。

5）实验步骤

利用数字芯片 74HC138 设计 4 线—16 线译码器。

（1）令两片 74HC138 的输入端 $A_2=D_2$,$A_1=D_1$,$A_0=D_0$;取第 1 片 74HC138 的 $\overline{E_1}$ 和 $\overline{E_2}$ 作为第四个地址输入端 D_3,并将其连接到第 2 片 74HC138 的 E_3 端;

（2）令第 1 片 74HC138 的控制端 $E_3=1$,第 2 片 74HC138 的控制端 $\overline{E_1}=\overline{E_2}=0$(参考实图 47.2);

（3）将输出端 Z 接入指示灯。$D_0 \sim D_3$ 端接直流信号源(如 V_{CC})。规定:输入端逻辑"1"与电压值"5 V"对应,逻辑"0"与电压值"0 V"对应;输出端"灯亮"与逻辑"1"对应,"灯灭"与逻辑"0"对应;

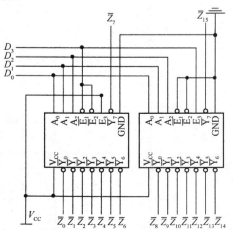

实图 47.2　用两片 74HC138 构成 4 线—16 线译码器的电路

（4）根据实表 47.1 中 $D_0 \sim D_3$ 的逻辑值改变相应的输入状态，运行实验，观察输入和输出之间的状态关系，记录相应的输出于实表 47.1 中。

实表 47.1　实验数据

输入				输出
D_3	D_2	D_1	D_0	$\overline{Z_0} \sim \overline{Z_{15}}$
0	0	0	0	
0	0	0	1	
0	0	1	0	
0	0	1	1	
0	1	0	0	
0	1	0	1	
0	1	1	0	
0	1	1	1	
1	0	0	0	
1	0	0	1	
1	0	1	0	
1	0	1	1	
1	1	0	0	
1	1	0	1	
1	1	1	0	
1	1	1	1	

6）实验报告

（1）搭建实验电路完成实验，补充完整实表 47.1；

（2）写出 4 线－16 线译码器的输出表达式。

解答答案：

（1）实表 47.1 数据如下表。

输入				输出
D_3	D_2	D_1	D_0	$\overline{Z_0} \sim \overline{Z_{15}}$
0	0	0	0	0111111111111111
0	0	0	1	1011111111111111
0	0	1	0	1101111111111111
0	0	1	1	1110111111111111
0	1	0	0	1111011111111111
0	1	0	1	1111101111111111
0	1	1	0	1111110111111111
0	1	1	1	1111111011111111
1	0	0	0	1111111101111111
1	0	0	1	1111111110111111
1	0	1	0	1111111111011111
1	0	1	1	1111111111101111
1	1	0	0	1111111111110111
1	1	0	1	1111111111111011
1	1	1	0	1111111111111101
1	1	1	1	1111111111111110

（2）4 线－16 线译码器的输出表达式为：

$$\begin{cases}\overline{Z_0}=\overline{\overline{D_3}\,\overline{D_2}\,\overline{D_1}\,\overline{D_0}}\\[4pt]\overline{Z_1}=\overline{\overline{D'_3}\,\overline{D_2}\,\overline{D_1}D_0}\\[4pt]\overline{Z_2}=\overline{\overline{D_3}\,\overline{D_2}\,D_1\overline{D_0}}\\[4pt]\overline{Z_3}=\overline{\overline{D_3}\,\overline{D_2}\,D_1D_0}\\[4pt]\overline{Z_4}=\overline{\overline{D_3}\,D_2\,\overline{D_1}\,\overline{D_0}}\\[4pt]\overline{Z_5}=\overline{\overline{D_3}\,D_2\,\overline{D_1}D_0}\\[4pt]\overline{Z_6}=\overline{\overline{D_3}\,D_2\,D_1\overline{D_0}}\\[4pt]\overline{Z_7}=\overline{\overline{D_3}\,D_2\,D_1D_0}\end{cases}\qquad\begin{cases}\overline{Z_8}=\overline{D_3\,\overline{D_2}\,\overline{D_1}\,\overline{D_0}}\\[4pt]\overline{Z_9}=\overline{D_3\,\overline{D_2}\,\overline{D_1}D_0}\\[4pt]\overline{Z_{10}}=\overline{D_3\,\overline{D_2}\,D_1\overline{D_0}}\\[4pt]\overline{Z_{11}}=\overline{D_3\,\overline{D_2}\,D_1D_0}\\[4pt]\overline{Z_{12}}=\overline{D_3\,D_2\,\overline{D_1}\,\overline{D_0}}\\[4pt]\overline{Z_{13}}=\overline{D_3\,D_2\,\overline{D_1}D_0}\\[4pt]\overline{Z_{14}}=\overline{D_3\,D_2\,D_1\overline{D_0}}\\[4pt]\overline{Z_{15}}=\overline{D_3\,D_2\,D_1D_0}\end{cases}$$

实验 48　触发器的基本逻辑功能

1）实验目的

（1）认识 D 触发器和 JK 触发器的基本功能；

（2）熟悉触发器的输入、输出信号与时钟的波形关系。

2）实验器材

（1）Ground

（2）脉冲电压源

（3）上升沿触发 D 触发器

（4）上升沿触发 JK 触发器

（5）四通道示波器

3）实验原理

触发器是指能够存储 1 位二值信号的基本单元电路，其具有两个稳定状态，即电路存在记忆功能，两个稳定状态分别定义为置位（set）和复位（reset）。在置位状态时，触发器记忆二进制数 1，在复位状态时，触发器记忆二进制数 0。

触发器的触发方式分为电平触发、脉冲触发和边沿触发三种。根据触发逻辑功能的不同又可分为 SR 触发器、JK 触发器、T 触发器、D 触发器等几种类型。

电平触发器在 $CP=1$ 时有效，当 $CP=1$ 的时间持续过长时，可能会有不稳定的情况出现，为克服这种错误现象，就设计了边沿触发器。边沿触发器（Edge-triggered FF）是一种脉冲型触发器，因为其输入和输出的变化只在控制信号 CP 脉冲的边沿发生，即 CP 的上升沿或下降沿，所以有上升沿触发的边沿触发器和下降沿触发的边沿触发器两种。因为边沿触发器的状态只可能在 CP 的跳变沿才会发生改变，所以触发器的稳定性大大提高。

（1）边沿 D 触发器

上升沿触发的 D 触发器（Positive-edge-triggered DFF），又称为维持阻塞触发器，因为在电路上有称为维持线和阻塞线的连线，它们保证触发器只有在时钟信号的上升沿才发生翻转，如实图 48.1 所示，其工作原理如下：

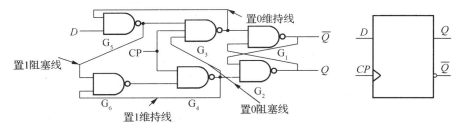

实图 48.1　边沿 D 触发器及其符号

当 $CP=0$ 时，G_3、G_4 输出为 1，G_1、G_2 输出保持不变。G_5 输出为 D，G_6 输出 $\overline{D}$。

设 $D=0$，CP 从 0 到 1 时，G_3 输出从 1 到 0，反馈线封锁了输入，维持输出为 0，而 G_4 输出不变，则 $Q=0$，$\overline{Q}=1$。如果 CP 为 1 后，D 发生变化，由于有置 1 阻塞线，也不会改变输出，置 0 维持线保证输出为 0。

设 $D=1$，CP 从 0 到 1 时，G_3 输出为 1 不变，而 G_4 输出从 1 到 0^+，反馈线封锁 G_3 和 G_6，维持 G_4 为 0，则 $Q=1$，$\overline{Q}=0$。如果 CP 为 1 后，D 发生变化，由于有置 0 阻塞线，也不会改变输出，置 1 维持线保证输出为 1。

上升沿 D 触发器的特性方程为：

$$Q^{n+1}=[D] \cdot CP \uparrow$$

功能表如实表 48.1 所示。

实表 48.1　上升沿 D 触发器功能表

CP	D	Q^{n+1}
↑	L	L
↑	H	H

（2）边沿 JK 触发器

JK 触发器也是从 RS 触发器改进而得到的，如实图 48.2 所示。上升沿触发的 JK 触发器（Positive-edge-triggered JK FF），又称为利用传输迟延的边沿触发器，它是利用门电路传输时间的不同来实现边沿触发的，虽然工作原理不同，但是实际结果是一样的，都在时钟的边沿发生翻转。

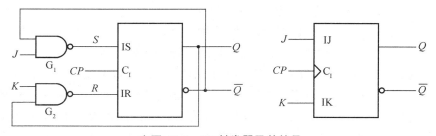

实图 48.2　JK 触发器及其符号

上升沿 JK 触发器特性方程为：

$$Q^{n+1}=[J\,\overline{Q}+\overline{K}Q]\cdot CP\uparrow$$

功能表如实表 48.2 所示。

实表 48.2　JK 触发器特性表

CP	J	K	Q	Q^{n+1}
↑	L	L	L	L
↑	L	L	H	H
↑	L	H	L	L
↑	L	H	H	L
↑	H	L	L	H
↑	H	L	H	H
↑	H	H	L	H
↑	H	H	H	L

4）实验内容

（1）D 触发器的功能

在实图 48.3 中，时钟 CLK 为 0～5 V，高电平时长 0.3 ms，周期 1 ms。触发器输入信号 D 为 0～5 V，高电平时长 1.2 ms，周期 3.3 ms。

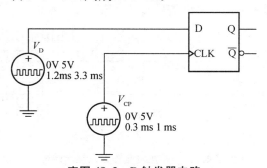

实图 48.3　D 触发器电路

构建实图 48.3 电路，其中的 D 触发器为上升沿触发。时钟 CLK 信号由脉冲电压源 V_{CP} 产生。输入信号 D 由脉冲电压源 V_D 产生。用四通道示波器观察时钟 CLK、输入 D 及输出 Q 的信号。根据观察，在实图 48.4 的波形图中画出输出信号 Q（对应好 CLK 和 D 信号的边沿）。

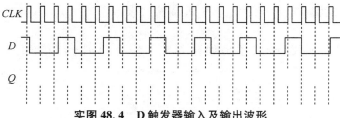

实图 48.4　D 触发器输入及输出波形

（2）JK 触发器的功能

在实图 48.5 中，时钟 *CLK*、输入信号 J、K 均为 0~5 V。*CLK* 信号的高电平时长 0.5 ms，周期 1 ms。J、K 信号的高电平时长 15 ms，周期 30 ms。J 的启始延迟为 0 ms，K 的启始延迟为 5 ms。

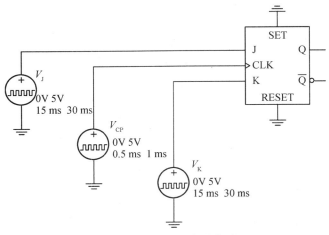

实图 48.5　JK 触发器电路

构建实图 48.5 电路，其中时钟 *CLK* 信号由脉冲电压源 V_{CP} 产生。输入信号 J 由 J、K 信号 V_J 产生，K 由 J、K 信号 V_K 产生。用四通道示波器观察时钟 *CLK*、J、K 及输出 *Q* 的信号。根据观察，在实图 48.6 的波形图中画出输出信号 *Q*（与 *CLK* 和 J、K 的信号边沿对应好）。

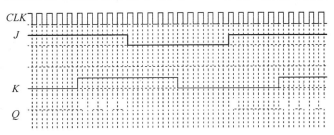

实图 48.6　JK 触发器输入及输出波形

5）实验报告

（1）写出 D 触发器和 JK 触发器的状态方程，列出相应的功能表。根据实验说明：状态方程中的输入信号（D 或 J、K）是时钟有效边沿前的信号，状态方程中的输出信号 *Q* 是时钟有效边沿后的信号；

（2）补充完整实图 48.4 和实图 48.6，完成实验报告。

解答答案：

（1）① 上升沿 D 触发器的特性方程为：$Q^{n+1}=[D] \cdot CP\uparrow$，功能表如下表。

CP	D	Q^{n+1}
↑	L	L
↑	H	H

② 上升沿 JK 触发器特性方程为：$Q^{n+1}=[J\,\overline{Q}+\overline{K}Q]\cdot CP\uparrow$，功能表如下表。

CP	J	K	Q	Q^{n+1}
↑	L	L	L	L
↑	L	L	H	H
↑	L	H	L	L
↑	L	H	H	L
↑	H	L	L	H
↑	H	L	H	H
↑	H	H	L	H
↑	H	H	H	L

(2) ① 实图 48.4 数据如下图。

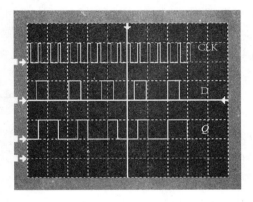

② 实图 48.6 数据如下图。

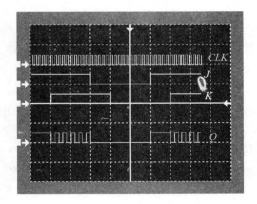

实验 49　二进制计数器设计

1）实验目的

(1) 认识二进制同步计数器的定义、工作状态及信号波形；

(2) 熟悉基于 JK 触发器实现二进制同步计数器的方法。

2）实验器材

(1) V_{CC}

(2) Ground

(3) 脉冲电压源

(4) 上升沿触发 JK 触发器

(5) 2 输入与门

(6) 四输入七段数码管

(7) 四通道示波器

3）实验原理

计数模值 M 和触发器级数 k 的关系：$M=2^k$。

加法计数器的构成规律：

$$J_0=K_0=1$$
$$J_i=K_i=Q_0 \cdot Q_1 \cdots Q_{i-1} \quad i=1,2,\cdots,(k-1)$$

减法计数器的构成规律：

$$J_0=K_0=1$$
$$J_i=K_i=\overline{Q_0} \cdot \overline{Q_1} \cdots \overline{Q_{i-1}} \quad i=1,2,\cdots,(k-1)$$

4）实验内容

构建实图 49.1 电路，其中时钟 CLK 为 0～5 V，周期 1 s，高电平时长 500 ms。用四通道示波器观察时钟 CLK 及各级触发器输出的 Q_0、Q_1、Q_2 信号。根据观察，在实图 49.2 中画出 Q_0、Q_1、Q_2 的波形（与 CLK 信号的边沿对应好，从 $Q_2Q_1Q_0=000$ 的状态开始），并观察数码管的显示情况。

5）实验报告

(1) 由 JK 触发器构成的二进制计数器有哪些特点？

(2) 搭建电路完成实验，补充完整实图 49.2，说明数码管的显示情况；

(3) 画出实图 49.1 电路的状态转移图；

(4) 如果要构成二进制减法计数器（模 8），在实图 49.1 电路的基础上要做哪些改动？

解答答案：

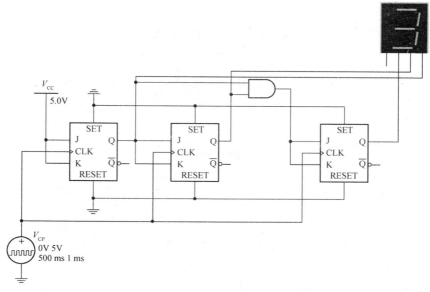

实图 49.1 实验电路

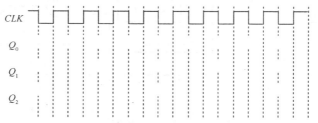

实图 49.2 时钟信号及 Q_2、Q_1、Q_0 端输出波形结果

(1) 计数模值 M 和触发器级数 k 的关系：$M = 2^k$。

(2) 输出波形如下图所示，数码管从 0 至 7 循环显示。

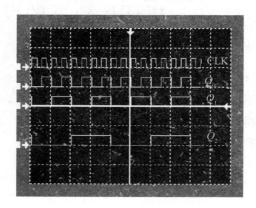

（3）状态转移图如下图。

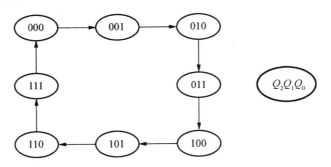

（4）二进制减法计数器（模 8）：$J_1 = K_1 = \overline{Q_0}$，$J_2 = K_2 = \overline{Q_0} \cdot \overline{Q_1}$，电路图如下：

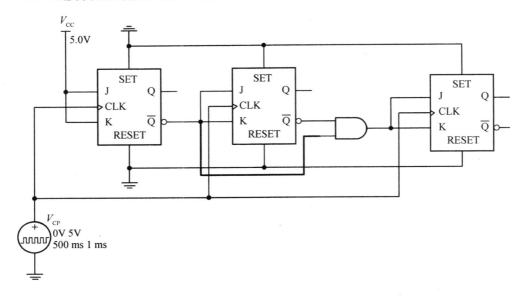

实验 50　扭环计数器的设计

1）实验目的

（1）熟悉扭环计数器的结构特征；

（2）认识扭环计数器工作状态的特点；

（3）熟悉扭环计数器各级输出信号的波形特征。

2）实验器材

（1）Ground

（2）脉冲电压源

（3）上升沿触发 D 触发器

（4）四通道示波器

3）实验原理

若将移位寄存器的首尾相接,那么在连续不断地输入时钟信号时寄存器里的数据将循环右移,这样的计数器称为环形计数器,即 $D_0 = Q_{k-1}$,若将反馈逻辑的函数取为 $D_0 = \overline{Q_{k-1}}$,那么得到的电路就是扭环形计数器。

由 D 触发器构成的 k 级扭环计数器(基本型)有着以下特点:

(1)连接特点:$D_i = Q_{i-1}, i = 1, 2, \cdots, k-1; D_0 = \overline{Q_{k-1}}$;

(2)计数模值:$M = 2k$;

(3)相邻的工作状态之间仅有一位码不同;

(4)各级触发器的输出信号均为时钟的 $2k$ 分频信号,均为占空比为 50% 的方波信号且依次滞后一个 CP 周期;

(5)扭环计数器的基本型不具备自启动能力,需另外设计自启动电路。

4）实验内容

构建实图 50.1 电路,其中时钟 CLK 为 $0 \sim 5$ V,周期 1 ms,高电平时长 0.5 ms。

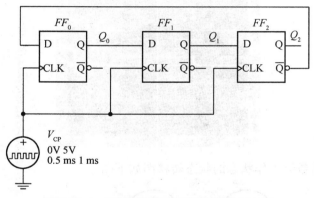

实图 50.1 D 触发器构成扭环形计数器电路

用四通道示波器观察时钟 CLK 及各级触发器输出的 Q_0、Q_1、Q_2 信号。根据观察,在实图 50.2 中画出 Q_0、Q_1、Q_2 的波形(与 CLK 信号的边沿对应好,从 $Q_2 Q_1 Q_0 = 000$ 的状态开始)。

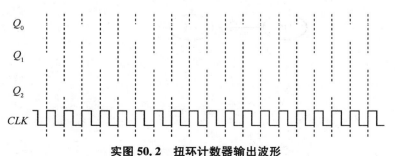

实图 50.2 扭环计数器输出波形

5) 实验报告

(1) 由 D 触发器构成的 k 级扭环计数器有哪些特点？

(2) 根据对各级触发器输出信号的观察，画出 Q_0、Q_1、Q_2 波形；

(3) 根据对各级触发器输出信号的观察，画出 3 级扭环计数器工作状态的状态转移图。

解答答案：

(1) 由 D 触发器构成的 k 级扭环计数器(基本型)有着以下特点：

① 连接特点：$D_i = Q_{i-1}, i = 1, 2, \cdots, k-1; D_0 = \overline{Q_{k-1}}$；

② 计数模值：$M = 2k$；

③ 相邻的工作状态之间仅有一位码不同；

④ 各级触发器的输出信号均为时钟的 $2k$ 分频信号，均为占空比为 50% 的方波信号且依次滞后一个 CP 周期；

⑤ 扭环计数器的基本型不具备自启动能力，需另外设计自启动电路。

(2) 输出波形如下图。

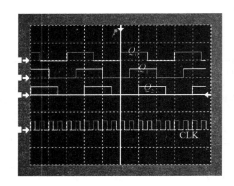

(3) 3 级扭环计数器工作状态的状态转移图如下图。

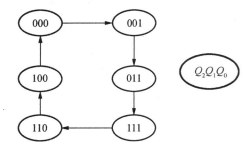

实验 51　异步十进制计数器的设计

1）实验目的

（1）认识异步计数器的结构特点；

（2）了解基于 JK 触发器设计异步十进制计数器的方法。

2）实验器材

（1）V_{CC}

（2）Ground

（3）上升沿触发 JK 触发器

（4）2 输入与门

（5）脉冲电压源

（6）四输入七段数码管

（7）八通道示波器

3）实验原理

异步十进制加法计数器可由 4 位二进制计数器在计数过程中跳过从 1010 到 1111 这 6 个状态而得到。实图 51.1 为异步十进制计数器的电路。

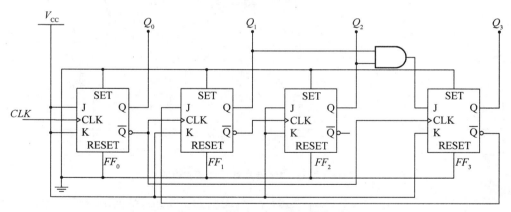

实图 51.1　异步十进制计数器电路

如果计数器从 $Q_3Q_2Q_1Q_0=0000$ 开始计数，由实图 51.1 可知，在输入第 8 个计数脉冲以前 FF_0、FF_1 和 FF_2 的 J 和 K 始终为 1。在此期间虽然 Q_0 输出的脉冲也送给了 FF_3，但由于每次 Q_0 的上升沿到达时，总有 $J=Q_2Q_1=0$，所以 FF_3 一直保持 0 状态不变。

当第 8 个计数脉冲输入时，由于 $J_3=K_3=0$，所以 Q_0 的上升沿达到后 FF_3 由 0 变为 1。同时，J_1 也随 $\overline{Q_3}$ 变为 0 状态。第 9 个计数脉冲输入以后，电路状态变成 $Q_3Q_2Q_1Q_0=1001$。第 10 个计数脉冲输入后，FF_0 翻转成 0，同时 Q_0 的上升沿使 FF_3 置 0，于是电路从 1001 返回到 0000，跳过了 1010—1111 这 6 个状态，成为十进制计数器。实图 51.2 为电路的时序图。

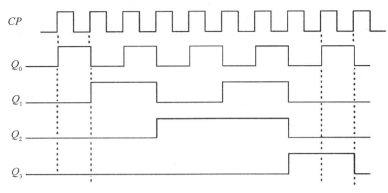

实图 **51.2**　电路的时序图

4) 实验内容

实图 51.3 电路为模十异步计数器(8421 码)电路。

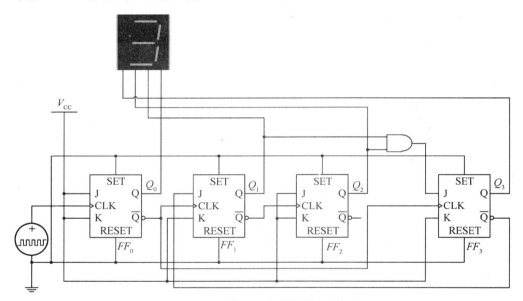

实图 **51.3**　模十异步计数器实验电路

构建实图 51.3 电路。时钟 CLK 为 0~5 V,周期为 100 ms,高电平时长 50 ms。

用八通道示波器观察时钟 CLK、各级触发器输出的 Q_0、Q_1、Q_2、Q_3 信号。**根据观察,在实图 51.4 中画出 Q_0、Q_1、Q_2、Q_3 的波形**(与 CLK 信号的边沿对应好,从 $Q_3 Q_2 Q_1 Q_0 = 0000$ 的状态开始),并记录数码管的显示状况。

5) 实验报告

(1) 根据对各级触发器输出信号的观察,画出 Q_0、Q_1、Q_2、Q_3 的波形图,**描述数码管的显示状况**;

(2) 根据对各级触发器输出信号的观察,画出实图 51.3 电路工作状态的状态转移图。

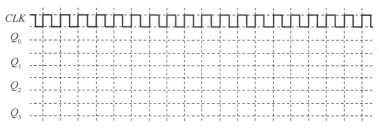

实图 51.4 Q_0、Q_1、Q_2、Q_3的波形图

解答答案：

（1）输出波形如下图，数码管从 0 至 9 循环显示。

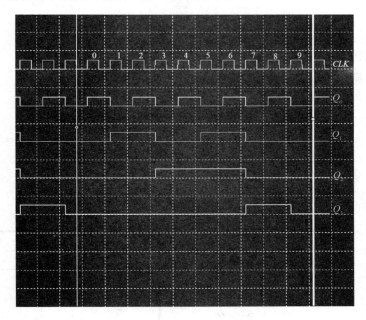

（2）工作状态转移图如下图。

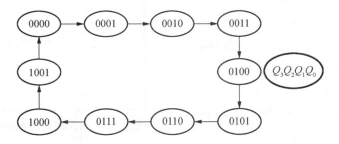

实验 52　555 定时器构成单稳态触发器

1）实验目的

（1）熟悉 555 时基电路的工作原理；

（2）熟悉并掌握 555 定时器构成单稳态触发器的电路结构及工作原理。

2）实验器材

（1）V_{CC}

（2）Ground

（3）脉冲电压源

（4）普通电阻

（5）普通电容

（6）LM555CM

（7）四通道示波器

3）实验原理

（1）555 定时器的工作原理

555 定时器又称为时基电路,由于它的内部使用了 3 个 5 kΩ 的电阻,因此取名 555。实图 52.1 为 LM555CM 定时器的内部结构。

u_{i1} 是比较器 C_1 的输入端（也称阈值端,用 THR 标注）,u_{i2} 是比较器 C_2 的输入端（也称触发端,用 TRI 标注）。C_1 和 C_2 的参考电压（电压比较的基准）U_{R1} 和 U_{R2} 由 V_{CC} 经 3 个 5 kΩ 电阻分压给出。在控制电压输入端 U_{CO} 悬空时,$U_{R1}=2V_{CC}/3$,$U_{R2}=V_{CC}/3$。如果 U_{CO} 外接固定电压,则 $U_{R1}=U_{CO}$,$U_{R2}=0.5U_{CO}$。

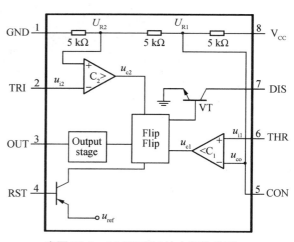

实图 52.1　LM555CM 的内部结构图

RST 是置零输入端（也称复位端）。只要在 RST 端加上低电平,输出端 u_o 便立即被置成低电平,不受其他输入端状态的影响。实表 52.1 为 LM555CM 定时器的功能表,在正常工作时,必须使 RST 端处于高电平。

实表 52.1　LM555CM 的功能表

输入			输出	
RST	u_{i1}	u_{i2}	u_o	VT 状态
L	×	×	L	导通
H	$>U_{R1}$	$>U_{R2}$	L	导通
H	$<U_{R1}$	$>U_{R2}$	保持	保持
H	$<U_{R1}$	$<U_{R2}$	H	截止

（2）555 定时器构成的单稳态触发器

单稳态触发器只有一个稳定状态和一个暂稳态。将 555 定时器的 u_{i2} 作为触发信号的输入端,并将由 VT 和 R 组成的反相器输出电压接至 u_{i1} 端,同时在 u_{i1} 对地接入电容 C,就构成了单稳态触发器,如实图 52.2 所示。

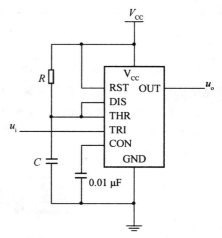

实图 52.2　用 555 定时器接成的
单稳态触发器

若没有触发信号时 u_i 为高电平,此时如果定时器原始状态为 0,则 VT 导通,定时器的 0 状态维持不变;如果此时定时器原始状态为 1,则 VT 截止,V_{CC} 经过 R 向 C 充电。当充到 $u_c = 2V_{CC}/3$ 时,定时器翻转为 0 状态,并且 VT 导通,电容 C 经 VT 迅速放电,输出也相应稳定在 0 状态。

当触发脉冲的下降沿到达,使 u_{i2} 跳变到 $V_{CC}/3$ 以下时,定时器跳变为高电平,电路进入暂态,此时 VT 截止,V_{CC} 经过 R 开始向 C 充电。

当充至 $u_c = 2V_{CC}/3$ 时,如果此时输入端的触发脉冲已经消失,u_i 回到高电平,于是输出返回 0 状态,同时 VT 又变为导通状态,电容 C 经 VT 迅速放电,电路恢复到稳态。

输出脉冲的宽度 t_w 等于暂稳态的持续时间,而暂稳态的持续时间取决于外接电阻 R 和电容 C 的大小。由上述分析可知,t_w 等于电容电压在充电过程中从 0 上升到 $2V_{CC}/3$ 所需要的时间,因此有:

$$t_w = RC\ln\frac{V_{CC}-0}{V_{CC}-\dfrac{2}{3}V_{CC}} = RC\ln 3 = 1.1RC$$

通常 R 的取值在几百欧姆到几兆欧姆之间,电容的取值在几百皮法到几百微法之间,t_w 的范围为几微秒到几分钟,但必须注意,随着 t_w 宽度的增加它的精度和稳定度也将下降。

4）实验内容

实图 52.2 为由 LM555 定时器构成的单稳态触发器电路。构建实图 52.2 电路,设置 $R = 500\ \Omega$;$C = 1\ \mu F$;另一电容值为 $0.01\ \mu F$;$V_{CC} = 12\ V$。输入信号选择脉冲电压源。设置脉冲电压源初始值为 0 V,脉冲值为 5 V,脉冲宽度为 0.7 ms,周期为 1 ms,延迟时间和上升/下降时间均采用默认值。

交互式仿真分析参数设置为储能元件的初始条件,运行实验。采用四通道示波器分别观察 u_i、u_c、u_o 的波形,测量并记录波形及波形数据于实表 52.2 中。

实表 52.2　实验波形及数据

u_i、u_c、u_o 的波形	波形数据		
	u_i 波形数据	u_c 波形数据	u_o 波形数据
	周期:$T=$_____ 最大值:$U_{max}=$_____ 最小值:$U_{min}=$_____ 脉冲宽度:$t_w=$_____	周期:$T=$_____ 最大值:$U_{max}=$_____ 最小值:$U_{min}=$_____	周期:$T=$_____ 最大值:$U_{max}=$_____ 最小值:$U_{min}=$_____ 脉冲宽度:$t_w=$_____

5) 实验报告

(1)搭建实验电路,补充完整实表 52.1,概述单稳态触发器的工作过程,并给出输出脉冲宽度的计算公式及理论计算结果,计算相对误差;

(2)增大电阻 R 的阻值,设置 $R=1$ kΩ,观察 u_c、u_o 的波形变化,阐述原因(选做)。

解答答案:

(1)实验电路如下图。

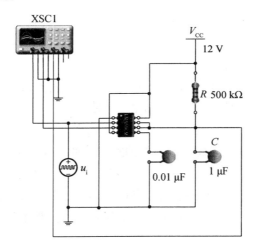

实表 52.2 数据如下表。

u_i、u_c、u_o 的波形	波形数据		
	u_i 波形数据	u_c 波形数据	u_o 波形数据
波形如下	周期:$T=1$ ms 最大值:$U_{max}=5$ V 最小值:$U_{min}=0$ V 脉冲宽度:$t_w=0.7$ ms	周期:$T=1$ ms 最大值:$U_{max}=8$ V 最小值:$U_{min}=-1.1$ V	周期:$T=1$ ms 最大值:$U_{max}=12$ V 最小值:$U_{min}=0$ V 脉冲宽度:$t_w=0.567$ ms

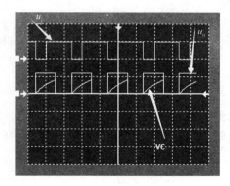

输出脉冲的宽度计算公式为：

$$t_{\mathrm{w}}=RC\ln\frac{V_{\mathrm{CC}}-0}{V_{\mathrm{CC}}-\frac{2}{3}V_{\mathrm{CC}}}=RC\ln3=1.1RC$$

理论计算结果为：

$$t_{\mathrm{w}}=1.1RC=1.1\times500\ \Omega\times1\ \mu\mathrm{F}=0.55\ \mathrm{ms}$$

相对误差为：

$$(0.567-0.55)/0.55=3.1\%$$

误差在允许的范围内。

（2）增大 R 后，u_{c}、u_{o} 的波形如下。

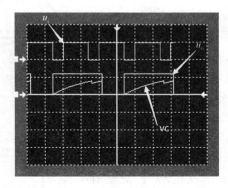

由波形可以看出，R 的阻值增加之后，u_{c} 出现迅速放电、在未到 0 时又重新充电，直至脉冲下降沿到来时又迅速放电的现象。出现这种现象的外部原因是由于 R 阻值的增加，导致暂态持续时间大于输入信号周期，u_{c} 在上升到 $U_{\mathrm{R_1}}$ 时，输入信号 u_{i} 为低电平，也就是说 u_{c} 错过了 u_{i} 的第一个脉冲下降沿。

实验 53　555 定时器构成施密特触发器

1）实验目的

（1）熟悉 555 时基电路的工作原理；

（2）熟悉并掌握 555 定时器构成施密特触发器的电路结构及工作原理。

2）实验器材

（1）V_{CC}

（2）Ground

（3）三角波电压源

（4）普通电容

（5）LM555CM

（6）双通道示波器

3）实验原理

（1）555 定时器的工作原理

555 定时器又称为时基电路，由于它的内部使用了 3 个 5 kΩ 的电阻，因此取名 555。实图 53.1 为 LM555CM 定时器的内部结构。

u_{i1} 是比较器 C_1 的输入端（也称阈值端，用 THR 标注），u_{i2} 是比较器 C_2 的输入端（也称触发端，用 TRI 标注）。C_1 和 C_2 的参考电压（电压比较的基准）U_{R1} 和 U_{R2} 由 V_{CC} 经 3 个 5 kΩ 电阻分压给出。在控制电压输入端 CON 悬空时，$U_{R1} = 2V_{CC}/3$，$U_{R2} = V_{CC}/3$。如果 CON 外接固定电压 U_{CO}，则 $U_{R1} = U_{CO}$，$U_{R2} = 0.5U_{CO}$。

RST 是置零输入端（也称复位端）。只要在 RST 端加上低电平，输出端 u_o 便立即被置成低电平，不受其他输入端状态的影响。实表 53.1 为 LM555CM 定时器的功能表，在正常工作时，必须使 RST 端处于高电平。

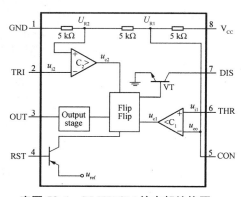

实图 53.1　LM555CM 的内部结构图

实表 53.1　LM555CM 的功能表

输入			输出	
RST	u_{i1}	u_{i2}	u_o	VT 状态
L	×	×	L	导通
H	$>U_{R1}$	$>U_{R2}$	L	导通
H	$<U_{R1}$	$>U_{R2}$	保持	保持
H	$<U_{R1}$	$<U_{R2}$	H	截止

（2）555 定时器构成施密特触发器

将 555 定时器的 u_{i1} 和 u_{i2} 两个输入端连在一起作为信号输入端，即可得到施密特触发器。由于比较器 C_1 和 C_2 的参考电压不同，故触发器的置 0 和置 1 必然发生在输入信号 u_i 的不同电平处，因此输出电压 u_o 由高电平变为低电平和由低电平变为高电平所对应的 u_i 值不同，这样就形成了施密特触发特性。为了提高比较器参考电压的稳定性，通常在 CON 端接有 0.01 μF 左右的滤波电容，如图实 53.2(a) 所示。

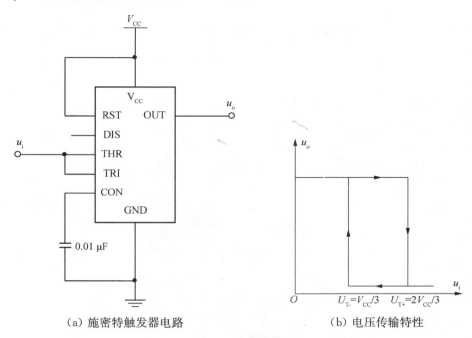

（a）施密特触发器电路　　　　　　　　（b）电压传输特性

实图 53.2　用 555 定时器接成的施密特触发器及其电压传输特性

实图 53.2(b) 为实图 53.2(a) 电路的电压传输特性，这是一种典型的反相输出施密特触发特性，其回差电压为 $\Delta U_T = U_{T+} - U_{T-} = 2V_{CC}/3 - V_{CC}/3 = V_{CC}/3$。

如果参考电压由外接电压 U_{CO} 供给，则 $U_{T+} = U_{CO}$，$U_{T-} = 0.5U_{CO}$，$\Delta U_T = 0.5U_{CO}$。显然，通过改变 U_{CO} 的值可以调节回差电压的大小。

4）实验内容

实图 53.2(a) 电路为由 LM555CM 构成的施密特触发器。构建实图 53.2(a) 电路。设置电容值为 0.01 μF，$V_{CC} = 12$ V，输入信号选择三角波电压源，设置三角波电压源的电压值为 10 V，周期为 1 ms，下降时间为 0.5 ms，延迟时间和偏移量均为 0。采用双通道示波器分别观察输入 u_i 和输出 u_o 的波形，绘制电路的电压传输特性，测量并记录相应波形数据于实表 53.1 中。

实表 53.1 实验波形及数据

u_i 与 u_o 波形		波形数据	
u_i/t 与 u_o/t	u_o/u_o(电压传输特性)	u_i 波形数据	u_o 波形数据
		周期:$T=$ _____ 最大值:$U_{max}=$ _____ 最小值:$U_{min}=$ _____	周期:$T=$ _____ 最大值:$U_{max}=$ _____ 最小值:$U_{min}=$ _____ 正向阈值电压:$U_{T+}=$ _____ 负向阈值电压:$U_{T-}=$ _____ 回差电压:$\Delta U_T=$ _____

5) 实验报告

（1）搭建实验电路，补充完整实表 53.1；

（2）若参考电压由外接电压 U_{co} 供给，设置 U_{co} 为直流电压源，电压值为 6 V，搭建相应的实验电路，并记录此时的电压传输特性（选做）。

解答答案：

（1）实验电路如下图。

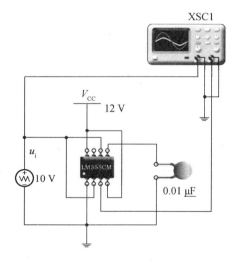

实表 53.1 数据如下表。

u_i 与 u_i 波形		波形数据	
u_i/t 与 u_o/t	u_o/u_i(电压传输特性)	u_i 波形数据	u_o 波形数据
		周期:$T=1.0$ ms 最大值:$U_{max}=10$ V 最小值:$U_{min}=0$ V	周期:$T=1.0$ ms 最大值:$U_{max}=12$ V 最小值:$U_{min}=0$ V 正向阈值电压:$U_{T+}=8$ V 负向阈值电压:$U_{T-}=4$ V 回差电压:$\Delta U_T=4$ V

u_i/t 与 u_o/t 的波形如下图。

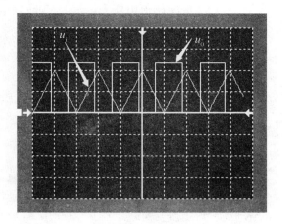

u_o/u_i电压传输特性如下图。

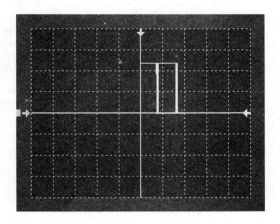

（2）外接参考电压时的电路如下图。

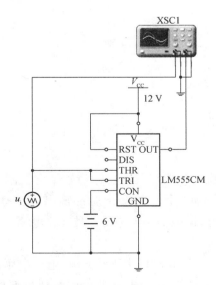

此时,正向阈值电压 $U_{T+}=6$ V,负向阈值电压 $U_{T-}=3$ V,回差电压 $\Delta U_T=3$ V,电压传输特性如下。

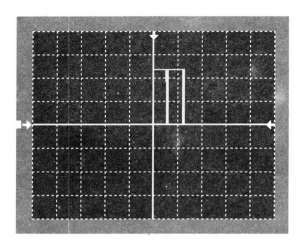

实验 54　555 定时器构成多谐振荡器

1) 实验目的

（1）熟悉多谐振荡器的实现流程；

（2）掌握 555 定时器的使用方法；

（3）掌握泰克示波器 TBS1102 的使用。

2) 实验器材

（1）V_{CC}

（2）Ground

（3）普通电阻

（4）普通电容

（5）555 定时器

（6）泰克示波器 TBS1102

3) 实验原理

555 时基电路是一种将模拟功能与逻辑功能巧妙结合在同一硅片上的组合集成电路。555 定时器构成的多谐振荡器能自行产生矩形脉冲输出,是一种非常有用的脉冲产生（形成）电路。555 定时器构成的多谐振荡器电路是一种无稳电路。

（1）多谐振荡器电路组成

在电路接通电源的瞬间,由于电容 C 来不及充电,电容电压 $U_C=0$ V,所以 555 定时器的输出状态为 1,输出 U_O 为高电平。同时,内部三极管的集电极即 DIS 脚对地断开,电源

V_{CC} 对电容 C 充电,电路进入暂稳态 I 。

当电容电压 U_C 充到 $2V_{CC}/3$ 时,输出 u_o 为低电平,同时内部三极管的集电极即 DIS 脚对地短路,电容电压随之通过 DIS 脚对地放电,电路进入暂稳态 II 。

此后,电路周而复始地产生周期性的输出脉冲。

(2) 振荡频率的估算

设电容充电时间为 T_1。电容充电时,时间常数 $\tau_1=(R_1+R_2)C$,起始值 $U_C(0^+)=V_{CC}/3$,最终值 $U_C(\infty)=V_{CC}$,转换值 $U_C(T_1)=2V_{CC}/3$,代入 RC 过渡过程计算公式进行计算,得:

$$T_1=\tau_1\ln\frac{U_C(\infty)-U_C(0^+)}{U_C(\infty)-U_C(T_1)}=\tau_1\ln\frac{V_{CC}-\frac{1}{3}V_{CC}}{V_{CC}-\frac{2}{3}V_{CC}}=\tau_1\ln 2=0.7(R_1+R_2)C$$

设电容放电时间为 T_2。电容放电时,时间常数 $\tau_2=R_2C$,起始值 $U_C(0^+)=2V_{CC}/3$,终值 $U_C(\infty)=0$,转换值 $U_C(T_2)=V_{CC}/3$,代入 RC 过渡过程计算公式进行计算,得:

$$T_2=0.7R_2C$$

所以电路振荡周期 T 计算公式为:

$$T=T_1+T_2=0.7(R_1+2R_2)C$$

电路振荡频率 f 计算公式为:

$$f=\frac{1}{T}\approx\frac{1.43}{(R_1+2R_2)C}$$

输出波形占空比 $q=T_1/T$,即脉冲宽度与脉冲周期之比,计算公式为:

$$q=T_1/T=0.7(R_1+R_2)C/(0.7(R_1+2R_2)C)$$
$$=(R_1+R_2)/(R_1+2R_2)$$

用 555 定时器构成多谐振荡器的原理图如实图 52.1 所示。

4) 实验内容

实图 52.1 电路为由 555 定时器构成的多谐振荡器。构建实图 52.1 电路,$R_1=51$ kΩ,$R_2=47$ kΩ;$C_1=C_2=910$ nF;$V_{CC}=5$ V。

交互式仿真分析参数设置为储能元件的初始条件,运行实验。采用泰克示波器观察输出 U_O 和电容 C_1 两端的电压 U_C 的波形,并对输出波形的周期进行测量,记录于实表 52.1 中。

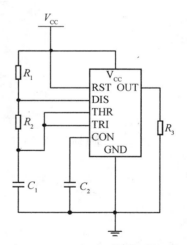

实图 52.1 555 定时器构成多谐振荡器

实表 52.1 实验波形及数据

U_O 与 U_C 波形	U_O 波形数据	U_C 波形数据
	振荡周期:$T=$_____ 高电平值:$U_{OH}=$_____ 低电平值:$U_{OL}=$_____	充电时间:$T_1=$_____ 放电时间:$T_2=$_____ 转换电压:$U_C(T_1)=$_____ 转换电压:$U_C(T_2)=$_____

5）实验报告

（1）搭建实验电路，补充完整实表 52.1；
（2）给出电路振荡周期的理论计算公式，并计算出理论值。

解答答案：

（1）实表 52.1 数据如下表。

U_O 与 U_C 波形	U_O 波形数据	U_C 波形数据
	振荡周期：$T=92.47$ ms 高电平值：$U_{OH}=5$ V 低电平值：$U_{OL}=0$ V	充电时间：$T_1=60$ ms 放电时间：$T_2=32$ ms 转换电压：$U_C(T_1)=3.34$ V 转换电压：$U_C(T_2)=1.65$ V

波形如下图，其中，黄色波形为 U_O，绿色为 U_C。

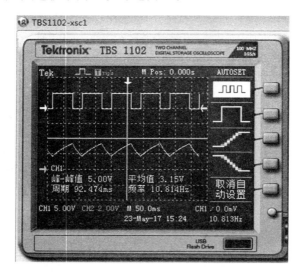

（2）振荡周期理论值为 $T=0.7(R_1+2R_2)C=92.365$ ms。

实验 55　血型配对指示器电路设计

1）实验目的

（1）了解集成选择器电路的功能及基本用法；
（2）熟悉用选择器解决组合逻辑问题的设计方法。

2）实验器材

（1）74LS153
（2）2 输入与门
（3）数字常量

（4）指示灯_蓝

（5）V_{CC}

（6）Ground

3）设计要求

利用 4 选 1 数据选择器 74LS153 设计一个供血者血型和受血者血型符合输血规则的逻辑电路。

人的血型有 O、A、B、AB 四种。输血时供血者的血型与受血者血型必须符合实图 55.1 中用箭头指示的授受关系。

实图 55.1　血型授受关系

4）设计流程

（1）74LS153

74LS153 是双 4 选 1 数据选择器/数据分配器，当做数据选择器时，根据 S_0 和 S_1 的配置，选择要输出的数据输入端。74LS153 逻辑图及真值表如实图 55.2 所示。

选择控制端		输入(a or b)					输出
S_1	S_0	$\bar{E}$	I_0	I_1	I_2	I_3	Z
×	×	H	×	×	×	×	L
L	L	L	L	×	×	×	L
L	L	L	H	×	×	×	H
L	H	L	×	L	×	×	L
L	H	L	×	H	×	×	H
H	L	L	×	×	L	×	L
H	L	L	×	×	H	×	H
H	H	L	×	×	×	L	L
H	H	L	×	×	×	H	H

（a）逻辑图　　　　　　　　　　　　　　（b）真值表

实图 55.2　74LS153 逻辑图及真值表

（2）血型匹配器原理

① 首先为血型编码，00 为 O 型，01 为 A 型，10 为 B 型，11 为 AB 型。

② 从输血规则可知，A 型血能输给 A、AB 型，B 型血能输给 B、AB 型，AB 型只能输给 AB 型，O 型血能输给所有四种血型。设供血者血型编码为 XY，受血者血型编码为 CD，根据输血规则，得到其卡诺图，如实表 55.1 所示。

实表 55.1　输血规则的卡诺图

CD \ XY	00	01	11	10
00	1	1	1	1
01	0	1	1	0
11	0	0	1	0
10	0	0	1	1

化简得：

$$Z = \overline{X}\,\overline{Y} + \overline{X}YD + X\overline{Y}C + XYCD$$

令 $X = S_1, Y = S_0$，则

$$Z = 1 \cdot (\overline{S_1}\,\overline{S_0}) + D \cdot (\overline{S_1}S_0) + C \cdot (S_1\overline{S_0}) + CD \cdot (S_1 S_0)$$

由于 74LS153 的输出表达式为：

$$Z_a = I_{0a} \cdot (\overline{S_1}\,\overline{S_0}) + I_{1a} \cdot (\overline{S_1}S_0) + I_{2a} \cdot (S_1\overline{S_0}) + I_{3a} \cdot (S_1 S_0)$$

因此，74LS153 数据选择器的输入为：

$$I_{0a} = 1; I_{1a} = D; I_{2a} = C; I_{3a} = CD$$

根据上述分析，选择 74LS153 中一个单独的 4 选 1 数据选择器，将 I_{0a} 端接高电平，I_{1a} 端接 D，I_{2a} 端接 C，I_{3a} 端接 C 和 D 相与的值，X 接入 S_1 端，Y 接入 S_0 端，使能端 $\overline{E_b}$ 接低电平，如实图 55.3 所示，这就是血型配对指示器电路。

5）实验步骤

利用 4 选 1 数据选择器 74LS153 实现一个供血者血型和受血者血型符合输血规则的电路，符合输血规则时，电路输出为 1，指示灯_蓝发亮，否则为 0，指示灯_蓝不亮。

（1）按照实图 55.3 搭建实验电路，X、Y、C、D 端均接数字常量，以便修改其状态值。

（2）运行电路，观察供血者和受血者间的匹配关系，将观测结果填入实表 55.2 中。

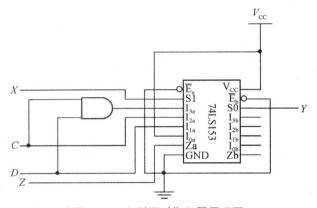

实图 55.3　血型配对指示器原理图

实表 55.2　供血者和受血者间的匹配关系

供血者		受血者		匹配关系
X	Y	C	D	Z
0	0	0	0	
0	0	0	1	
0	0	1	0	
0	0	1	1	
0	1	0	0	
0	1	0	1	
0	1	1	0	
0	1	1	1	
1	0	0	0	
1	0	0	1	
1	0	1	0	
1	0	1	1	
1	1	0	0	
1	1	0	1	
1	1	1	0	
1	1	1	1	

6）实验报告

（1）尝试重新编码，重新搭建电路实现血型配对功能；

（2）分别记录两次实验的实验结果，完成实验报告。

解答答案：

（1）① 设编码规则为：00 为 A 型，01 为 B 型，10 为 AB 型，11 为 O 型；

化简得：

$$Z=\overline{X}\,\overline{Y}\,\overline{D}+\overline{X}Y(\overline{C}D+C\overline{D})+X\,\overline{Y}C\,\overline{D}+XY$$

因此，74LS153 数据选择器的输入为：

$$I_{0a}=\overline{D};I_{1a}=C\oplus D;I_{2a}=C\,\overline{D};I_{3a}=1$$

② 电路图设计如下图。

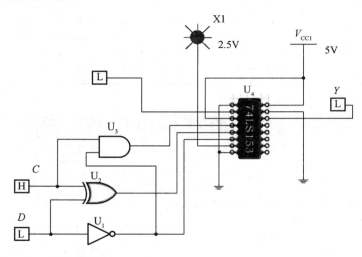

（2）① 实表 55.2 数据如下表。

供血者		受血者		匹配关系
X	Y	C	D	Z
0	0	0	0	1
0	0	0	1	1
0	0	1	0	1
0	0	1	1	1
0	1	0	0	0
0	1	0	1	1
0	1	1	0	0
0	1	1	1	1
1	0	0	0	0
1	0	0	1	0
1	0	1	0	1
1	0	1	1	1
1	1	0	0	0
1	1	0	1	0
1	1	1	0	0
1	1	1	1	1

② 所设计电路测试结果如下表。

供血者		受血者		匹配关系
X	Y	C	D	Z
0	0	0	0	1
0	0	0	1	0
0	0	1	0	1
0	0	1	1	0
0	1	0	0	0
0	1	0	1	1
0	1	1	0	0
0	1	1	1	0
1	0	0	0	0
1	0	0	1	0
1	0	1	0	1
1	0	1	1	0
1	1	0	0	1
1	1	0	1	1
1	1	1	0	1
1	1	1	1	1

实验 56　自动游戏投币控制电路设计

1）实验目的

（1）熟悉自动游戏投币控制电路的设计方法；
（2）掌握触发器的应用及注意事项。

2）实验器材

（1）2 输入与门
（2）3 输入与门
（3）2 输入或门
（4）2 输入或非门
（5）非门
（6）上升沿触发 JK 触发器
（7）指示灯_蓝
（8）数字时钟信号源
（9）Ground
（10）八通道示波器

3）设计要求

设计一个自动游戏投币控制电路。采用 JK 触发器。要求：每次只能投 1 角或 2 角的硬币，投满 4 角后游戏启动，若有余钱，同时找余。

4）设计流程

（1）逻辑抽象，得到电路的状态转移图

自动游戏投币控制电路中有两个输入信号：投入
1 角用 $A=1$ 表示；投入 2 角用 $B=1$ 表示。该电路有
两个输出信号：游戏启动用 $Y=1$ 表示；找回 1 角钱用
$X=1$ 表示。投入的方法及输出的信号如实图 56.1
所示。

（2）自动游戏投币控制电路的状态转移表

由自动游戏投币控制电路的状态转移图可知，共
有 4 个状态，因此采用 2 个触发器，Q_1Q_0 为 00、01、10、
11，分别代表 S_0、S_1、S_2、S_3，其状态转换表如实表 56.1
所示。

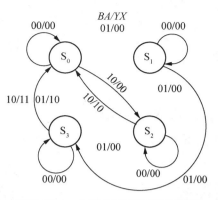

**实图 56.1　自动游戏投币控制电路
状态转移图**

实表 56.1　自动游戏投币控制电路状态转换表

B	A	PS		NS		Y	X
		Q_1^n	Q_0^n	Q_1^{n+1}	Q_0^{n+1}		
0	0	0	0	0	0	0	0
0	0	0	1	0	1	0	0
0	0	1	0	1	0	0	0
0	0	1	1	1	1	0	0
0	1	0	0	0	1	0	0
0	1	0	1	1	0	0	0
0	1	1	0	1	1	0	0
0	1	1	1	0	0	1	0
1	0	0	0	1	0	0	0
1	0	0	1	1	0	0	0
1	0	1	0	0	0	1	0
1	0	1	1	0	0	1	1
1	1	—	—	—	—	—	—

（3）确定表达式

根据实表 56.1 得到 Q_1^{n+1}、Q_0^{n+1} 的状态卡诺图，如实图 56.2 所示，并由卡诺图得出状态
方程和输出方程：

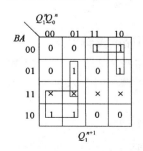
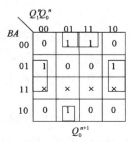
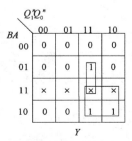
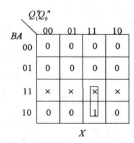

实图 56.2　自动游戏投币控制电路状态卡诺图

$$\begin{cases} Q_1^{n+1} = B\overline{Q_1^n} + A\overline{Q_1^n}Q_0^n + \overline{B}AQ_1^n + \overline{B}Q_1^n\overline{Q_0^n} \\ Q_0^{n+1} = A\overline{Q_0^n} + \overline{B}AQ_0^n + \overline{A}\,\overline{Q_1^n}Q_0^n \end{cases}$$

$$\begin{cases} Y = BQ_1^n + AQ_1^nQ_0^n \\ X = BQ_1^nQ_0^n \end{cases}$$

（4）表达式化简

根据 JK 触发器的特性方程 $Q^{n+1} = J\overline{Q^n} + \overline{K}Q^n$，得到化简后的状态方程和驱动方程：

$$\begin{cases} Q_1^{n+1} = (B + AQ_0^n)\overline{Q_1^n} + (\overline{B}\overline{A} + \overline{B}\,\overline{Q_0^n})Q_1^n \\ Q_0^{n+1} = A\overline{Q_0^n} + \overline{A}(\overline{B} + \overline{Q_1^n})Q_0^n \end{cases}$$

$$\begin{cases} J_1 = B + AQ_0^n \\ K_1 = \overline{\overline{B}\overline{A} + \overline{B}\,\overline{Q_0^n}} \\ J_0 = A \\ K_0 = \overline{\overline{A}(\overline{B} + \overline{Q_1^n})} \end{cases}$$

（5）确定逻辑电路图

采用 JK 触发器、与门、或非门方式得到自动游戏投币控制电路原理图，如实图 56.3 所示。

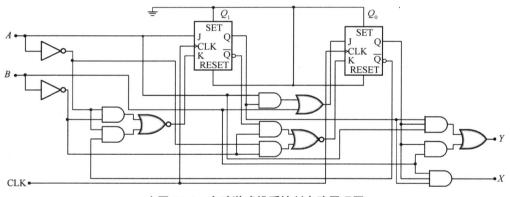

实图 56.3　自动游戏投币控制电路原理图

5）实验步骤

利用 JK 触发器、与门、或非门以及非门实现自动游戏投币控制电路的逻辑电路。

（1）按照实图 56.3 搭建实验电路，A、B、CLK 端接数字时钟信号源，设置 A 信号源频率为 1 kHz，占空比为 50%，延迟时间为 0.5 ms；信号源 B、CLK 频率为 2 kHz，占空比为 50%，延迟时间为 0.25 ms。

（2）将八通道示波器分别接到 CLK、B、A、Q_1、Q_0、Y 和 X 端，运行实验，通过观察指示灯_蓝的亮灭以及示波器的输出结果，分析 A、B、Q_0、Q_1 和 Y、X 端的状态关系，并记录相应的输出于实表 56.2 中。

实表 56.2 自动游戏投币控制电路测试结果

B	A	Q_1^n	Q_0^n	Y	X
0	0	0	0		
0	0	0	1		
0	0	1	0		
0	0	1	1		
0	1	0	0		
0	1	0	1		
0	1	1	0		
0	1	1	1		
1	0	0	0		
1	0	0	1		
1	0	1	0		
1	0	1	1		
1	1	—	—		

6）实验报告

（1）阐述基于 JK 触发器的自动游戏投币控制电路的设计流程。

（2）记录测试结果,补充完整实表 56.2,完成实验报告。

解答答案:

（1）详见设计流程部分;

（2）① 八通道示波器各通道分别连接至 CLK、B、A、Q_1、Q_0、Y、X,示波器波形如下图。

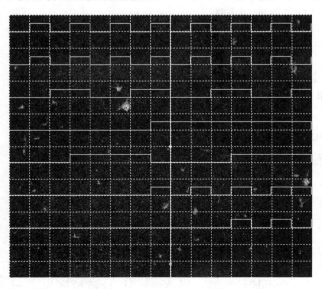

② 实表 56.2 数据如下表。

B	A	Q_1^n	Q_0^n	Y	X
0	0	0	0	0	0
0	0	0	1	0	0
0	0	1	0	0	0
0	0	1	1	0	0
0	1	0	0	0	0
0	1	0	1	0	0
0	1	1	0	0	0
0	1	1	1	1	0
1	0	0	0	0	0
1	0	0	1	0	0
1	0	1	0	1	0
1	0	1	1	1	1
1	1	—	—	—	—

实验 57　可控计数器电路设计

1）实验目的

(1) 掌握 D 触发器的应用；
(2) 掌握时序逻辑电路的设计方法；
(3) 熟悉可控计数器的实现方法。

2）实验器材

(1) 2 输入与门
(2) 2 输入或非门
(3) 非门
(4) 上升沿触发 D 触发器
(5) 数字时钟信号源
(6) 数字常量
(7) 四输入七段数码管
(8) Ground

3）设计要求

用 D 触发器设计一个可控计数器。当 $X=0$ 时，计数顺序为 $4 \to 5 \to 1 \to 3 \to 2 \to 6 \to 4$；$X=1$ 时，计数顺序为 $4 \to 6 \to 2 \to 3 \to 1 \to 5 \to 4$。组合电路部分采用与门、或非门及非门实现。

4) 设计流程

（1）逻辑抽象，得到电路的状态转移图

根据设计要求作出状态转移图，如实图 57.1 所示。

（2）可控计数器的状态转换表

由可控计数器的状态转移图可知，计数共有 6 个状态，因此采用 3 个触发器，其状态转换表如实表 57.1 所示。

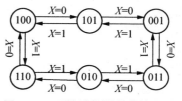

实图 57.1 可控计数器状态转移图

实表 57.1 可控计数器状态转换表

X	PS			NS		
	Q_2^n	Q_1^n	Q_0^n	Q_2^{n+1}	Q_1^{n+1}	Q_0^{n+1}
0	1	0	0	1	0	1
0	1	0	1	0	0	1
0	0	0	1	0	1	1
0	0	1	1	0	1	0
0	0	1	0	1	1	0
0	1	1	0	1	0	0
1	1	0	0	1	1	0
1	1	1	0	0	1	0
1	0	1	0	0	1	1
1	0	1	1	0	0	1
1	0	0	1	1	0	1
1	1	0	1	1	0	0

（3）确定表达式

根据实表 57.1 得到 Q_2^{n+1}、Q_1^{n+1}、Q_0^{n+1} 的状态卡诺图，如实图 57.2 所示，并由卡诺图得出状态方程：

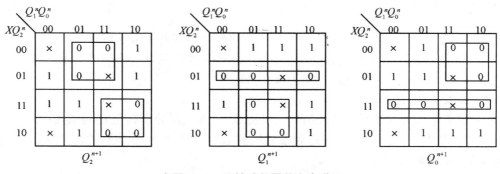

实图 57.2 可控计数器状态卡诺图

$$\begin{cases} \overline{Q_2^{n+1}} = \bar{X}Q_0^n + XQ_1^n \\ \overline{Q_1^{n+1}} = \bar{X}Q_2^n + XQ_0^n \\ \overline{Q_0^{n+1}} = \bar{X}Q_1^n + XQ_2^n \end{cases}$$

（4）表达式化简

根据 D 触发器的特性方程 $Q^{n+1} = D$，得到化简后的状态方程和激励方程：

$$\begin{cases} Q_2^{n+1} = \overline{\overline{X}Q_0^n + XQ_1^n} \\ Q_1^{n+1} = \overline{\overline{X}Q_2^n + XQ_0^n} \\ Q_0^{n+1} = \overline{\overline{X}Q_1^n + XQ_2^n} \\ D_2 = Q_2^{n+1} \\ D_1 = Q_1^{n+1} \\ D_0 = Q_0^{n+1} \end{cases}$$

(5) 确定逻辑电路图

采用 D 触发器、与门、或非门以及非门方式得到可控计数器的电路原理图,如实图 57.3 所示。

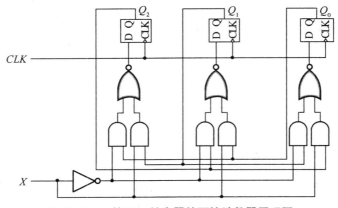

实图 57.3　基于 D 触发器的可控计数器原理图

5) 实验步骤

利用 D 触发器、与门、或非门以及非门实现可控计数器的逻辑电路。

(1) 按照实图 57.3 设计实验电路,其中 X 端接数字常量,CLK 端接数字时钟信号源,频率为 1 kHz,占空比 50%,延迟时间为 0.5 ms。

(2) 将 $Q_2Q_1Q_0$ 的初态设置为 100。

(3) 将四输入七段数码管的最高位端口接地,其他端口分别接至 $Q_2Q_1Q_0$ 的 Q 端,根据表 2 中 X 值的改变,运行实验,通过观察数码显示器,分析可控计数器的计数顺序,记录数码显示器相应的输出于实表 57.2。

实表 57.2　可控计数器计数顺序

X	数码显示器结果顺序
0	
1	

6) 实验报告

(1) 阐述基于 D 触发器的可控计数器的设计流程,完成实表 57.2;

(2) 分析 D 触发器、数码管的使用方法及注意事项,完成实验报告。

解答答案:

(1) ① 详见设计流程部分;

　　② 实表 57.2 数据如下表。

X	数码显示器结果顺序
0	4→5→1→3→2→6→4
1	4→6→2→3→1→5→4

(2) 四输入七段数码管的引脚左高右低,本实验中只用到 3 位输入,因此数码管与 D 触发器相连接时需注意:数码管的最高位接地,次高位接 Q_2 的 Q 端,第三高位接 Q_1 的 Q 端,最低位接 Q_0 的 Q 端。

实验 58　环形计数器及其自启动电路设计

1) 实验目的

(1) 熟悉环形计数器的结构特征及工作状态的特点;

(2) 认识基本环形计数器的自启动能力;

(3) 了解环形计数器自启动电路的设计方法。

2) 实验器材

(1) 2 输入与门

(2) 2 输入或门

(3) 上升沿触发 D 触发器

(4) 数字时钟信号源

(5) 四输入七段数码管

(6) Ground

3) 设计要求

设计一个能自启动的 3 位环形计数器。要求该环形计数器的有效循环状态为 100→010→011→001→100。

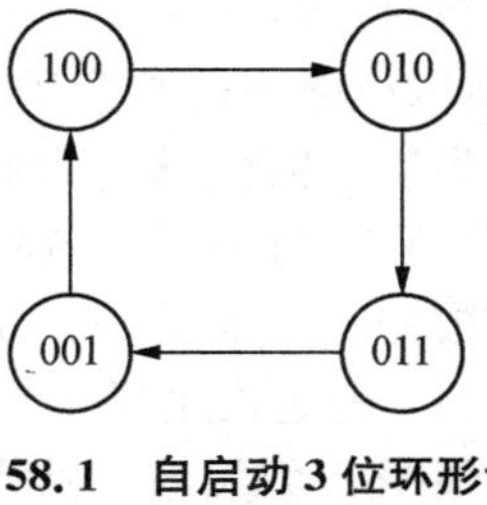

4) 设计流程

(1) 逻辑抽象,得到电路的状态转移图

根据设计要求作出状态转移图,如实图 58.1 所示。

(2) 自启动 3 位环形计数器的状态转换表

由可控计数器的状态转移图可知,计数共有 3 个状态,因此采用 3 个触发器,其状态转换表如实表 58.1 所示。

实图 58.1　自启动 3 位环形计数器的状态转移图

实表 58.1　自启动 3 位环形计数器状态转换表

PS			NS		
Q_2^n	Q_1^n	Q_0^n	Q_2^{n+1}	Q_1^{n+1}	Q_0^{n+1}
1	0	0	0	1	0
0	1	0	0	1	1
0	1	1	0	0	1
0	0	1	1	0	0

（3）确定表达式

根据实表 58.1 得到 Q_2^{n+1}、Q_1^{n+1}、Q_0^{n+1} 的状态卡诺图，如实图 58.2 所示，并由卡诺图得出状态方程：

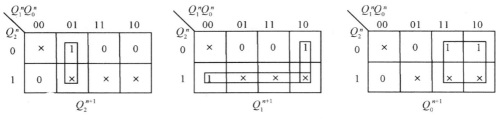

实图 58.2　自启动 3 位环形计数器的状态卡诺图

$$\begin{cases} Q_2^{n+1} = \overline{Q_2^n Q_1^n} \\ Q_1^{n+1} = Q_2^n + Q_1^n \overline{Q_0^n} \\ Q_0^{n+1} = Q_1^n \end{cases} \quad (1)$$

在卡诺图合并 1 的过程中，如果把表示任意项的 X 包括在圈内，则等于把 X 看作 1；如果把 X 画在圈外，则等于把 X 看作 0。这无形中已经为无效状态指定了次态，如果这个指定的次态属于有效循环中的状态，那么电路是能自启动的。反之，如果它也是无效状态，则电路将不能自启动，在这情况下，就需要修改状态卡诺图的化简方式，将无效状态的次态改为某个有效状态。

由实图 58.2 可知，化简时将 000 状态的 X 全都画在了圈外，也就是说化简时把 X 全取作 0 了，这就意味着 000 的次态仍然是 000。这样，电路一旦进入 000 状态以后，就不可能在时钟信号的作用下脱离这个无效状态而进入有效循环，所以电路不能自启动。

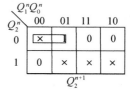

为使电路能够自启动，应将实图 58.2 中 000 状态的次态 XXX 取为一个有效状态，例如取为 100，此时 Q_2^{n+1} 的卡

实图 58.3　修改后 Q_2^{n+1} 的卡诺图

诺图被修改为实图 58.3 所示的形式，化简后得到该电路的状态方程式，如上式所示。

（4）表达式化简

根据 D 触发器的特性方程 $Q^{n+1} = D$，得到化简后的状态方程和激励方程：

$$\begin{cases} D_2 = \overline{Q_2^n Q_1^n} \\ D_1 = Q_2^n + Q_1^n \overline{Q_0^n} \\ D_0 = Q_1^n \end{cases}$$

（5）确定逻辑电路图

采用 D 触发器、与门、或门方式得到自启动 3 位环形计数器的电路原理图，如实图 58.4 所示。

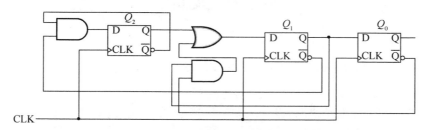

实图 58.4　自启动 3 位环形计数器的原理图

5）实验步骤

利用 D 触发器、与门、或门实现自启动 3 位环形计数器的逻辑电路。

根据实图 58.4 搭接实验电路，CLK 端接数字时钟信号源，设置频率为 1 kHz，占空比为 50%，延迟时间为 0.5 ms；将四输入七段数码管的最高位端口接地，其他端口分别接至 $Q_2Q_1Q_0$ 的 Q 端。

根据实表 58.2 设置 D 触发器的初始状态值，运行实验，通过观察数码管显示器，分析自启动 3 位环形计数器的计数顺序，记录数码管显示器相应的输出于实表 58.2 中。

实表 58.2　自启动 3 位环形计数器测试结果

Q_2^n	Q_1^n	Q_0^n	数码管显示结果
1	0	0	
0	1	0	
0	1	1	
0	0	1	

6）实验报告

（1）阐述自启动 3 位环形计数器的设计流程，完成实表 58.2；

（2）按照实图 58.2 化简卡诺图，分析电路不能自启动的原因，并阐述自启动电路的设计方法，完成报告。

解答答案：

（1）详见设计流程部分；

（2）实表 58.2 数据如下表。

Q_2^n	Q_1^n	Q_0^n	数码管显示结果
1	0	0	4→2→3→1
0	1	0	2→3→1→4
0	1	1	3→1→4→2
0	0	1	1→4→2→3

参考文献

[1] Steven M Sandler, Charles Hymowitz. SPICE 电路分析[M]. 北京:科学出版社,2007.

[2] 罗杰,谢自美. 电子线路:设计·实验·测试[M]. 北京:电子工业出版社,2008.

[3] 童诗白,华成英. 模拟电子技术基础(第 3 版)[M]. 北京:高等教育出版社,2000.

[4] 童诗白,何金茂. 电子技术基础试题汇编(模拟部分)[M]. 北京:高等教育出版社,1992.

[5] 谢嘉奎. 电子线路(第 4 版)[M]. 北京:高等教育出版社,1999.

[6] 陈大钦. 模拟电子技术基础学习与解题指南[M]. 武汉:华中科技大学出版社,2001.

[7] 王毓银. 数字电路逻辑设计[M]. 北京:高等教育出版社,2005.

[8] 秦曾煌. 电工学[M]. 北京:高等教育出版社,2004.

[9] 沈嗣昌. 数字设计引论[M]. 北京:高等教育出版社,2000.

[10] 康华光. 电子技术基础(模拟部分)(第 5 版)[M]. 北京:高等教育出版社,2006.

[11] 康华光. 电子技术基础(数字部分)(第 5 版)[M]. 北京:高等教育出版社,2006.

[12] 郑家龙,王小海,章安元. 模拟集成电子技术教程[M]. 北京:高等教育出版社,2002.

[13] 蔡惟铮. 基础电子技术[M]. 北京:高等教育出版社,2004.

[14] 汪惠,王志华. 电子电路的计算机辅助分析与设计方法[M]. 北京:清华大学出版社,1996.

[15] 吴运昌. 模拟集成电路原理与应用[M]. 广州:华南理工大学出版社,1995.

[16] Jan MRabaey, Anantha Chandrakasan, Borivoje Nikolic. 数字集成电路——电路系统与设计[M]. 北京:电子工业出版社,2004.

[17] 阎石. 数字电子技术基础(第 5 版)[M]. 北京:高等教育出版社,2010.